U0251675

丛书编委会

主　任：蒋永穆
委　员：邓忠奇　贺立龙　胡超然　李江一
　　　　骆　桢　唐　永　姚树荣　余　澳

国家一流专业建设丛书·财经类

Python
数据分析与实战

丛书主编◎蒋永穆
主　编◎吕一清　邓国营

四川大学出版社
SICHUAN UNIVERSITY PRESS

图书在版编目（CIP）数据

Python 数据分析与实战 / 吕一清，邓国营主编． --
成都：四川大学出版社，2024.4
（国家一流专业建设丛书 / 蒋永穆主编．财经类）
ISBN 978-7-5690-6811-5

Ⅰ．① P… Ⅱ．①吕… ②邓… Ⅲ．①软件工具－程序
设计 Ⅳ．① TP311.561

中国国家版本馆 CIP 数据核字（2024）第 080246 号

书　　　名：Python 数据分析与实战
　　　　　　Python Shuju Fenxi yu Shizhan
主　　　编：吕一清　邓国营
丛　书　名：国家一流专业建设丛书·财经类
丛书主编：蒋永穆

选题策划：蒋姗姗　梁　平
责任编辑：梁　平
责任校对：李　梅
装帧设计：墨创文化
责任印制：李金兰

出版发行：四川大学出版社有限责任公司
　　　　　　地址：成都市一环路南一段 24 号（610065）
　　　　　　电话：（028）85408311（发行部）、85400276（总编室）
　　　　　　电子邮箱：scupress@vip.163.com
　　　　　　网址：https://press.scu.edu.cn
印前制作：四川胜翔数码印务设计有限公司
印刷装订：成都市新都华兴印务有限公司

成品尺寸：170 mm×240 mm
印　　张：19.75
字　　数：378 千字

版　　次：2024 年 10 月 第 1 版
印　　次：2024 年 10 月 第 1 次印刷
定　　价：78.00 元

本社图书如有印装质量问题，请联系发行部调换

扫码获取数字资源

四川大学出版社
微信公众号

前　　言

作为一门流行的编程语言，Python 应用于数据可视化、文本分析、网络分析、计量经济学等多个领域，在各个领域应用都非常广泛。回顾与 Python 的结缘，最早得益于经济学家萨金特的 QuantEcon（quantecon. org），2012 年发现萨金特教授使用 Python 语言对高级宏观经济学进行重塑，于是编者在学习宏观经济学的过程中，通过 Python 语言对宏观经济模型进行计算及模拟，发现其方便易学。2014 年编者到美国 Emory 访学，发现 Python 语言无论是在商学院、经济学院还是公共卫生统计学院都已经非常流行了。当时经济学研究主流还是使用 Eviews、Stata 和 MATLAB 等语言，萨金特教授非常与时俱进，快速接纳新技术和掌握 Python 语言，这说明 Python 语言对社科类研究的重要性。同时，编者也开始全面拥抱 Python 语言并开设"Python 统计分析"课程。为了更好地分享和传播 Python 的学习和应用，编者将多年教学积累下来的案例编辑成册，希望对 Python 数据分析的学习者提供一些有用的学习材料，为方便初学者学习，本书在 GiHub 上提供全部案例的 Python 程序代码和数据并同步更新（编者邮箱 yiqinglyu@scu. edu. cn）。

《Python 数据分析及实战》是一本 Python 语言学习和应用的案例集合，其内容结构由入门篇、晋级篇、高级篇和娱乐篇四个部分构成。学习者可以根据自己的水平从任何一个点切入学习。其中，入门篇主要是针对那些没有 Python 基础的兴趣者学习，从 Python 第三方包入手，掌握第三方包的应用场景。晋级篇则是使用第三方包完成 Jupyter Notebook 编写、数据获取、数据可视化和机器学习等应用例子。高级篇则是 Python 综合应用的案例，该篇对数学理论的要求偏高，更能解决现实问题。娱乐篇是让学习者通过一些案例找到 Python 的学习乐趣。为方便初学者入门，本书将 Python 基础知识作为附录部分，以便读者查阅。

  本书主要是学生结合上课内容课下做的一些 Python 训练，由于时间和水平的限制，难免存着疏漏与不足，恳请读者给予批评与指正。最后，对所有参与本书编写工作的作者表示感谢，对所有选修"Python 统计分析"的学生、助教表示感谢。

编 者

目　　录

第 2 部分　Python 晋级篇

第 3 部分　Python 高级篇

第 4 部分　Python 娱乐篇

第1部分
Python入门篇

1 概 论

1.1 Python 概述

1.1.1 Python 简介及在数据科学中的应用

Python 官网对 Python 的介绍是：Python 是能够提高工作效率和有效集成其他工作内容的编程语言（Python is a programming language that lets you work more quickly and integrate your systems more effectively）。事实上，Python 是一种高级编程语言，它被广泛使用的原因在于其简洁易读的语法以及丰富的第三方包和工具。Python 在数据科学领域应用广泛，因为它具有强大的数据处理和分析能力，并且拥有众多用于数据科学的库和框架。在数据科学中，Python 的主要应用包括：

（1）数据清洗和处理。Python 具有丰富的数据处理库，例如 Pandas，可用于数据清洗、转换和分析。

（2）数据可视化。Python 的库 Matplotlib、Seaborn 和 Plotly 等可以创建具有吸引力的数据可视化图表和可视化工具。

（3）机器学习和深度学习。Python 拥有众多用于机器学习和深度学习的库，例如 Scikit-learn、TensorFlow 和 PyTorch，可用于构建和训练模型。

（4）自然语言处理。Python 在处理文本数据和自然语言处理方面表现出色，被广泛应用于文本挖掘、情感分析等领域。

1.1.2 Python 的案例学习方式——从白噪声案例说起

该案例是来自 QuantEcon 官网，选择该案例的一个重要原因是案例自身的扩展性，其将作为 Python 入门级训练是非常有必要的。

（1）绘制白噪声过程。使用 Python 模拟白噪声过程，白噪声过程设置为：ε_0、ε_1、$\cdots$、ε_T。其中，ε_T 是独立标准正态分布。为更好地理解 Python 的语法规律和使用方法，该案例提供了两种实现方法，具体见下面程序。

```
＃方法一
＃导入 numpy 的程序包
importnumpy as np
＃导入 matplotlib 的程序包
importmatplotlib.pyplot as plt
＃随机生成100个正态分布的随机数
e=np.random.randn(100)
＃画图实现
plt.plot(e,'k')
```

程序运行结果见图 1－1。

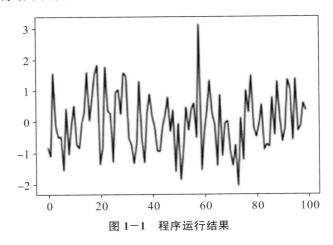

图 1－1　程序运行结果

```
＃方法二
ts_length=100
ε_values=［］    ＃ empty list
for i in range(ts_length):
    e=np.random.randn()
    ε_values.append(e)
plt.plot(ε_values)
＃另一版本
```

```
ts_length=100
ε_values=[]
i=0
while i < ts_length:
    e=np.random.randn()
    ε_values.append(e)
    i=i+1
plt.plot(ε_values)
```

本案例非常简单，但是基本包括了 Python 入门的全部知识点。首先，前两句是第三方包的导入，事实上，所有 Python 程序的实现，第一步都要导入常规第三方包（numpy、matplotlib 和 pandas）。其次，第三句是展示如何调用函数，顺序是从大到小，先是 numpy，再是 random，最后是 randn 函数。最后一句是画图的功能。而第二种方法是通过循环函数来实现相同功能，包括 for 循环和 while 循环的使用。循环是科学计算中最重要的方法之一。当然，例子实现过程中还包括变量定义、赋值语句、判断语句和数据结构（列表和数组）等知识点。可以说，通过这个案例并结合 Python 语法知识，可以快速入门 Python 学习，这也是本书将 Python 基础知识放到附录的一个原因。

事实上，通过该案例的学习也是告诉读者，作为一门实战性强的学科，好的案例对 Python 的学习是非常重要的，可通过案例训练来提升对 Python 的应用能力。真正的编程高手或应用高手一定是从实践中总结理论。因此，本书尝试一种新方式，即通过知识点和案例相结合的模式来学习 Python 语言。

1.2　高效使用 Python 进行数据分析

1.2.1　跨软件操作及 Python 的优势

伴随着大数据时代的到来，社会科学领域的量化和计算越来越重要，尤其是社会科学计算领域。然而，应用软件多种多样，如 Eviews、Stata、MATLAB、ArcGIS 和 SAS 等。这些应用软件在不同领域既有一定的市场份额，也有应用的特殊场景。有时候，为解决一个问题，需要把这些软件都用一遍，学习成本高，跨软件操作也会带来很多麻烦。基于此，作者认为针对应用性软件的学习，首先需要学习一门编程语言，如果编程语言用得非常好，那再来学应用软件就是件非常容易的事情，因为基础语法是相通的。

以下是一些软件的介绍：

（1）Eviews 是一个统计分析和计量经济学的软件，它的主要功能包括数据处理、统计分析和经济模型预测。Eviews 是由美国 IHS Global 公司开发的，常用于宏观经济研究、金融风险管理、财务经济、营销研究等领域。

（2）Stata 是一个综合性的统计分析软件，主要用于管理、分析和图形化数据。它广泛应用于经济学、社会学、政策科学和医疗健康等领域。

（3）MATLAB（矩阵实验室）是由美国的 Mathworks 公司开发的一个高级技术计算语言和交互式环境。它在科研、工程设计等多个领域都有广泛应用，主要功能包括数值计算、数据分析与可视化、算法开发、图形用户界面设计、集成硬件和模拟仿真等。

（4）R 也是非常优秀的数据科学工具，其优点包括：①R 是统计分析的重要工具，几乎所有的统计方法和算法可以在 R 中找到。R 包含大量强大的统计模型和测试工具，对于统计学研究非常适用。②可视化。R 的 ggplot 包可以轻易创建出高质量的统计图表。③包的数量庞大。大量的开源包可以在 R 中使用，以帮助进行各种分析。④数据处理能力强。对于数据整理和清洗，R 提供了 dplyr 和 tidyr 包等。但其缺点包括：①学习曲线。R 的语法相对其他编程语言略有些独特，对于初学者而言，学习起来可能需要花费一些时间。②通用性稍差。虽然 R 在数据科学领域应用广泛，但在其他领域（如开发和系统自动化）的应用就相对较少。

Python 是一种广泛用于各种应用的通用编程语言，从网页开发、游戏开发到机器学习、数据分析等，Python 都有卓越的表现。①语法简单。Python 的语法清晰且直观，初学者能快速掌握。②丰富的科学计算库，如 NumPy、SciPy、Matplotlib、Pandas 和 Scikit-learn 等，让 Python 在做数据科学分析时非常便利。②机器学习和深度学习。Python 是目前较普遍的机器学习和深度学习语言，具有 TensorFlow、Keras 和 PyTorch 等强大的库。

1.2.2 Python 数据分析的流程

掌握一门编程工具最好的方法就是实战，在案例和项目中成长。首先，案例的选择非常重要，有趣有用的案例既可以让学习者从中获得成就感，又能提供提升自己的能力。其次，使用 Python 进行数据分析，需要从宏观上认识其流程，要做到心中有图，按图索骥。使用 Python 进行数据分析的流程见图 1-2。

图 1-2 数据分析流程图

（1）环境准备。安装 Anaconda 是一个好的开始。它包括 Python 以及大多数需要用到的包。使用 Jupyter Notebook 来编写和运行代码，因为它可以使工作更有条理。

（2）掌握主要包。Numpy、Pandas、Matplotlib、Seaborn 和 SciPy 是应该熟练掌握的主要包。Numpy 和 Pandas 对于数据处理来说是必不可少的，Matplotlib 和 Seaborn 用于数据可视化，SciPy 用于复杂的数学计算。

（3）数据清洗。数据不会总是像你想象的那样完美，有时它会有缺失值或异常值。Pandas 能够帮助你处理这些问题。Pandas 的 fillna 方法可以填补缺失值，而 drop_duplicates 方法可以删除重复的行。

（4）数据探索。使用 Pandas 的 describe 和 info 方法可以高效地查看数据的基本统计信息和结构。

（5）数据可视化。统计图表是理解数据的好方式。在 Python 中，Matplotlib 和 Seaborn 是最常用的图形库，可以用它们来创建柱状图、散点图、曲线图等。

（6）建立模型。Scikit-learn 提供了大量机器学习算法，如回归、分类、聚类等。只需要选择合适的模型，提供训练数据，然后调用 fit 方法就可以训练模型。

（7）模型评估。模型评估是检查你的模型是否合理的重要步骤。Scikit-learn 为此提供了很多工具，如分类报告、混淆矩阵等。

（8）模型优化。一旦有了一个合理的模型，就可尝试优化它。这可以通过调整模型参数、选择不同的模型或者改变特征选择的方式来达成。

以上就是数据分析的主要步骤，但请记住，数据分析是一个需要反复实践的过程，尝试、失败、学习并优化是这个过程中必不可少的步骤。

1.3 AI 大模型对 Python 编程的帮助

AI 大模型，即人工智能生成内容（AIGC）大模型，比如国外鼎鼎大名的 ChatGPT、Claude，或者国内蒸蒸日上的文心一言、通义千问等，都是基于大规模数据集训练的深度学习模型，而 Python 就是其开发和实现的主要语言。这些模型多基于 Transformer 架构，这种架构在 Python 社区中有广泛的支持和实现，如 TensorFlow 和 PyTorch。

自 OpenAI 推出 ChatGPT 以来，各行各业都在探寻如何利用大模型优化行业运行流程，甚至是开辟更高效的范式，而 Python 编程也在其中。具体来说，AI 大模型对 Python 编程的冲击可以归纳为以下几点：

（1）代码生成与辅助编程。对 Python 编程的直接影响是代码生成和辅助编程。例如，使用 AI 模型，Python 开发者可以自动生成代码框架或特定功能的代码，显著提高开发效率。在 Python 中，这种自动生成代码的功能特别有用，尤其是在处理数据科学、机器学习、爬虫等领域时。

（2）错误检测与优化建议。AI 大模型能够对 Python 代码进行错误检测和优化建议。它可以识别常见的编程错误，提供代码优化建议，甚至在一定程度上实现自动调试。这对 Python 新手尤其有益，因为它可以加速学习过程，减少常见的编程错误。

（3）加强的自然语言处理能力。Python 作为自然语言处理（NLP）的主要语言之一，受益于 AI 大模型的发展。使用这些模型，Python 开发者可以更有效地执行文本分析、情感分析、语言翻译等任务。例如，在 Web 爬虫应用中，开发者可以利用 AI 大模型更准确地提取和解析网页内容。

（4）数据分析与处理。在数据分析和处理方面，AI 大模型为 Python 提供了更先进的数据处理能力。例如，你可以使用 OpenAI 推出的 Advanced Data Analysis 功能，上传自己的数据文件，用自然语言描述自己的需求，即可让 AI 帮你编写代码来处理数据，直接省去了自己编写代码的过程。

综上所述，AI 大模型对 Python 编程带来的帮助主要体现为提高了编程效率，改进了错误检测和优化建议，加强了自然语言处理能力，以及增强了数据分析和处理的能力。随着 AI 技术的进步，这种影响将更加显著，为 Python

编程带来更多的创新和发展机遇。但是，AI 大模型也带来了一些挑战，比如模型的庞大和计算资源的需求会对开发环境和计算能力提出更高的要求，同时模型的可解释性也是一个需要面对的问题。

1.4 Python 强大的第三方包

Python 本身作为一种简洁高效的语言深受广大程序员的喜爱，而基于Python 所开发出的包就好比是 Python 强有力的武器装备，使得其解决更为专业的问题时表现得更为优秀。同时，第三方包在不同的领域中发挥着重要作用，使得 Python 变成了一个在科学计算、数据分析、机器学习、Web 开发等多个领域都得以广泛应用的语言。包的使用非常方便，通常只需使用〔pip 指令＋install＋package 名〕便可自动下载安装，也可通过官网给出的资源下载安装。

举一个具体案例：假如你是一名数据分析师，需要对一大批用户的购物数据进行分析。你想找出哪些产品最受欢迎、每样产品的销售量如何、所有销售中男性和女性分别购买什么产品的数量比例等信息。原始数据存储在包含数百万行记录的 CSV 文件中。

如果你要手动分析，可能需要大量的时间和精力。但是，如果使用Python 的 Pandas 包，你可以使用几行代码快速读取数据，通过调用函数对数据进行清洗和处理，然后运用统计方法进行分析。例如：

```
import pandas as pd
# 读取数据
df=pd.read_csv('sales_data.csv')
# 查看最受欢迎的产品
popular_products=df['Product'].value_counts().head(10)
# 查看每种产品的销售量
sales_by_product=df.groupby('Product')['Quantity'].sum()
# 查看购买每种产品的男女比例
sales_by_gender=df.groupby(['Product','Gender'])['Quantity'].count().unstack()
```

这就是使用 Python 第三方包强大的实例，可以大大提升工作效率。

Python 的强大在很大程度上得益于它的第三方包，这些包适用于不同的任务和领域。常用且强大的 Python 第三方包（见表 1-1）能够满足各种各样的开发需求。

表 1-1　常用第三方包

第三方包	功能简介
Numpy	用于科学计算和数值操作的基础包。它提供多维数组对象（ndarray）以及各种用于数组操作的函数，包括数学、逻辑、统计和线性代数运算。
Scipy	建立在 NumPy 基础上的包，提供了许多科学和工程计算的功能，包括积分、优化、信号处理、线性代数等。
Matplotlib	用于绘制各种静态、动态、交互式图形的包。它提供广泛的绘图选项，可以创建线图、散点图、直方图、饼图等。
Pandas	用于数据分析和处理的包。它引入了两个主要数据结构，即 Series（一维数据）和 DataFrame（二维表格），主要用于数据清洗、转换、合并等操作。
StatsModels	用于统计建模和数据分析的 Python 包。它专注于统计学方法，提供了各种用于探索数据、拟合模型和进行统计测试的工具。StatsModels 适用于各种统计分析任务，包括线性回归、时间序列分析、方差分析、广义线性模型等。
Scikit-learn	用于机器学习的包，提供了各种常见的机器学习算法，包括分类、回归、聚类、降维等。
Keras	高级神经网络 API，最初由 François Chollet 开发，后来被整合到 TensorFlow 中。Keras 的设计目标是简单、易用且具有灵活性，使得构建和训练神经网络模型变得更加方便。
Gensim	用于自然语言处理（NLP）和文本分析的 Python 包，专注于主题建模、文本相似度计算和词向量表示。它被设计用来处理大规模文本数据，并提供了一系列工具来帮助用户构建语义相关的应用程序。
NLTK	支持自然语言处理和文本分析的各种任务。NLTK 提供了一系列工具、数据集和资源，用于处理文本数据、执行语言学分析，以及构建和评估自然语言处理模型。
Networkx	用于创建、分析和可视化复杂网络（图）的 Python 包。它提供了丰富的工具，用于构建各种类型的图结构，从简单的图到多重图、有向图等，并且支持图的分析、算法和可视化。

2 数据分析的第三方包

2.1 Numpy 包的数据分析

Numpy 是 Python 用于科学计算的基本包。

Numpy 可以用作通用数据的高效多维容器。下面以几个非常简单的实例介绍一下 Numpy 的功能。先定义两个矩阵：

```
♯导入 numpy
importnumpy as np   ♯ 定义两个矩阵
A＝np.array([[1,1],
            [0,1]])
B＝np.array([[2,0],
            [3,4]])
♯通过 A@B 即可输出矩阵乘法的结果
print(A @ B)
```

输出结果如下：

```
[[5 4]
 [3 4]]
```

Numpy 还可以生成随机数组，并计算最大值、最小值及求和等：

```
♯导入 numpy
import numpy as np
♯定义一个2*3的由0～1之间随机数组成的数值矩阵
a＝np.random.random((2,3))
```

```
# 输出结果
print("这是数组 a:\n", a)
print("这是对数组 a 求和的结果:\n", a. sum())
print("这是数组 a 中的最小值:\n", a. min())
print("这是数组 a 中的最大值:\n", a. max())
```

输出结果如下：

这是数组 a:

[[0.35645604 0.03308779 0.83912509]

[0.65567093 0.34097425 0.83386695]]

这是对数组 a 求和的结果：

3.059181042932343

这是数组 a 中的最小值：

0.03308778693415271

这是数组 a 中的最大值：

0.8391250949319694

Numpy 可用于执行从简单的数值运算到复杂的数据分析任务。它不仅提供高效的数值计算基础，还为其他一些 Python 包（如 SciPy、Pandas 和 Scikit－learn 等）提供底层的支持，从而构建了 Python 在数据科学和科学计算领域的重要生态系统。感兴趣的读者可以前往 Numpy 的官网 https：//numpy. org/ 学习。

2.2　Pandas 包的数据分析

Pandas 是一种基于 Numpy 的工具，该工具是为解决数据分析任务而创建的。Pandas 纳入了大量库和一些标准的数据模型，提供了高效操作大型数据集所需的工具。Pandas 提供了大量快速便捷地处理数据的函数和方法。它是使 Python 成为强大而高效的数据分析环境的重要工具之一。

Pandas 通常有两种数据结构：一种是一维的 Series，另一种是二维的 DataFrame。当然还有三维数据结构，以及以时间为索引的结构等。

Pandas 包的主要特点和功能包括：

（1）数据结构。Pandas 的核心数据结构是 Series 和 DataFrame。Series 是

一个带标签的一维数组；而 DataFrame 是一个表格结构，类似于数据库表，可以包含多个列。

（2）数据清洗和处理。Pandas 提供了许多工具，用于处理缺失值、重复值、异常值等。

（3）数据选择和切片。Pandas 允许您使用标签、索引和条件来选择、过滤和切片数据，以便从大型数据集中提取所需的信息。

（4）数据转换和变形。Pandas 支持各种数据转换操作，如排序、重塑、合并和连接，使得数据能够以不同的形式进行分析。

（5）数据分析和统计。Pandas 提供了丰富的统计计算和分析功能，包括描述性统计、聚合操作、分组和透视表等。

（6）时间序列分析。Pandas 在处理时间序列数据方面表现出色，提供了时间索引、时间重采样、滚动窗口等功能。

（7）数据可视化。虽然这不是 Pandas 的主要功能，但 Pandas 可以与其他数据可视化库（如 Matplotlib 和 Seaborn）结合使用，方便地绘制各种图表。

（8）灵活性和性能。Pandas 具有优化的性能，特别适用于处理中等规模的结构化数据。

在 Pandas 中，可以通过直接导入文件输入数据，也可以自己手动输入简单数据，以 DataFrame 说一个简单的案例。

```
#导入 pandas
from pandas import DataFrame
#定义字典
data={"name": ['google', 'baidu', 'yahoo'], "marks": [100, 200, 300], "price": [1, 2, 3]}
#转变为 DataFrame
f1=DataFrame(data)
#打印表格
print(f1)
```

运行结果如下：

```
    name    marks   price
0   google  100     1
1   baidu   200     2
2   yahoo   300     3
```

13

　　Pandas 已经成为数据分析领域的标准工具之一。它使得数据处理变得更加简便，使用户能够以更高效的方式进行数据准备、清洗、分析和可视化，从而从数据中获得有价值的信息。无论是从文件中加载数据、进行数据清洗还是构建分析模型，Pandas 都提供了一系列强大的功能来支持这些任务。Pandas 的更多功能参考官网 https：//pandas.pydata.org/。

2.3　Scipy 包的数据分析

　　Scipy 是一个用于数学、科学、工程领域的常用包，用于处理插值、积分、优化、图像处理、常微分方程数值解的求解、信号处理等问题。它用于有效计算 Numpy 矩阵，使 Numpy 和 Scipy 协同工作，高效解决问题。Scipy 里面有很多模块，用以解决不同的数学问题。

　　（1）优化。Scipy 提供了各种优化算法，用于寻找函数的最小值或最大值。这对于参数优化、函数逼近等问题非常有用。

　　（2）线性代数。Scipy 提供了广泛的线性代数操作，包括求解线性方程组、计算特征值和特征向量、矩阵分解等。

　　（3）信号处理。Scipy 包含许多信号处理算法，用于滤波、频谱分析、信号生成等。这对于声音、图像和其他信号数据的处理很有帮助。

　　（4）图像处理。Scipy 提供了图像处理功能，包括图像滤波、边缘检测、图像变换等，用于处理和分析图像数据。

　　（5）统计分析。Scipy 支持多种统计分析方法，包括假设检验、概率分布、回归分析等，用于从数据中提取信息。

　　（6）插值和拟合。Scipy 提供了插值和数据拟合的功能，用于在数据点之间进行插值、拟合曲线等。

　　（7）积分和微分方程。Scipy 支持数值积分和求解微分方程，用于数值求解和模拟动态系统。

　　（8）信号处理。Scipy 包含许多信号处理算法，用于滤波、频谱分析、信号生成等。这对于声音、图像和其他信号数据的处理很有帮助。

　　Scipy.optimize 模块的功能是求函数最值、曲线拟合和求方程根，通过下面的案例来说明其使用方法。

```
from scipy import optimize
import numpy as np
```

```
import matplotlib.pyplot as plt
#定义目标函数: f(x)=x^2+10sin(x)
def f(x):
    return x**2+10*np.sin(x)
    #绘制目标函数的图形
    plt.figure(figsize=(10,5))
    x=np.arange(-10,10,0.1)
    plt.xlabel('x')
    plt.ylabel('y')
    plt.title('optimize')
    plt.plot(x,f(x),'r-',label='$f(x)=x^2+10sin(x)$')
    #图像中的最低点函数值
    a=f(-1.3)
    plt.annotate('min',xy=(-1.3,a),xytext=(3,40),arrowprops=dict
(facecolor='black',shrink=0.05))
    plt.legend()
    #展示图片
    plt.show()
```

输出结果见图 2-1。

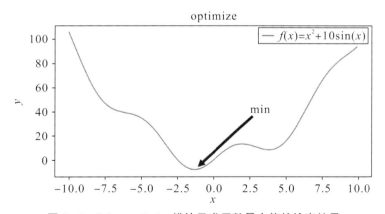

图 2-1 Scipy. optimize 模块寻求函数最小值的输出结果

这是一个非凸优化问题，对于这类函数的最小值问题一般是从给定的初始值开始进行一个梯度下降，在 optimize 中一般使用 bfgs 算法。

```
# 使用 optimize 中的 bfgs 算法
optimize.fmin_bfgs(f,0)
grid=(-10,10,0.1)
xmin_global=optimize.brute(f,(grid,))
print(xmin_global)
```

输出结果如下：

Optimization terminated successfully.
Current function value: -7.945823
Iterations: 5
Function evaluations: 12
Gradient evaluations: 6

结果显示在经过 5 次迭代之后找到了一个局部最低点-7.945823，显然这并不是函数的全局最小值，只是该函数的一个局部最小值，这也是拟牛顿算法（BFGS）的局限性。如果一个函数有多个局部最小值，拟牛顿算法可能找到这些局部最小值而不是全局最小值，这取决于初始点的选取。如果不知道全局最低点，并且使用一些临近点作为初始点，那将需要花费大量的时间来获得全局最优。此时可以采用暴力搜寻算法，它会评估范围网格内的每一个点，程序如下：

```
grid=(-10,10,0.1)
xmin_global=optimize.brute(f,(grid,))
print(xmin_global)
```

输出结果为：

[-1.30641113]

Scipy 的丰富功能和模块化设计使其成为科学计算领域不可或缺的工具之一。它在多种领域，包括自然科学、工程、社会科学和医学等，都发挥着关键作用，为解决复杂的科学问题提供了强大的数值计算和分析能力。感兴趣的读者可以去 Scipy 的官网 https://www.scipy.org/ 了解。

16

2.4 StatsModels 包的数据分析

StatsModels 的主要特点和功能包括：

（1）统计模型。StatsModels 提供了多种统计模型，包括线性回归、广义线性模型、时间序列分析、方差分析等。这些模型可以用于拟合数据、分析关系和进行假设检验。

（2）线性回归。StatsModels 提供了丰富的线性回归模型，允许您探索变量之间的关系，进行参数估计，并评估模型的拟合程度。

（3）广义线性模型（GLM）。除了简单的线性回归，StatsModels 支持广义线性模型，适用于不同类型的响应变量和分布。

（4）时间序列分析。StatsModels 提供了多种时间序列分析模型，如 ARIMA（自回归移动平均）和 VAR（向量自回归）等，用于分析和预测时间序列数据。

（5）方差分析。StatsModels 允许进行各种方差分析，包括单因素方差分析、多因素方差分析等，用于比较组之间的差异。

（6）统计检验。StatsModels 包含多种假设检验和统计检验方法，用于验证模型假设、检查变量间的关系等。

（7）模型诊断。StatsModels 包提供了许多用于诊断模型假设和性能的工具，包括残差分析、正态性检验等。

（8）可视化。StatsModels 允许用户绘制模型拟合结果、残差图等，帮助解释和传达分析结果。

以计量经济学里最经典的最小二乘法回归为案例，可以通过 Python 语句输入数据，也可以通过之前介绍的 Numpy 以数组的方式输入数据，本案例采用后者。

```
# 导入必要的库
import numpy as np
import statsmodels.api as sm
# 定义观测数据量
nobs=100
# 生成随机的自变量数据,维度是(nobs,2)
X=np.random.random((nobs,2))
```

```
＃为 X 加上常数列,即截距项
X=sm.add_constant(X)
＃定义真实的系数
beta=[1,.1,.5]
＃生成随机误差项
e=np.random.random(nobs)
＃使用矩阵点乘来计算因变量 y 的值
y=np.dot(X,beta)+e
＃使用 OLS(普通最小二乘法)来拟合模型
results=sm.OLS(y,X).fit()
＃打印模型的摘要信息
print(results.summary())
```

运行结果见图 2-2。

```
                             OLS Regression Results
==============================================================================
Dep. Variable:                      y   R-squared:                       0.238
Model:                            OLS   Adj. R-squared:                  0.222
Method:                 Least Squares   F-statistic:                     15.14
Date:                Wed, 23 Aug 2023   Prob (F-statistic):           1.90e-06
Time:                        22:45:05   Log-Likelihood:                -18.855
No. Observations:                 100   AIC:                             43.71
Df Residuals:                      97   BIC:                             51.52
Df Model:                           2
Covariance Type:            nonrobust
==============================================================================
                 coef    std err          t      P>|t|      [0.025      0.975]
------------------------------------------------------------------------------
const          1.5530      0.074     21.100      0.000       1.407       1.699
x1            -0.0724      0.105     -0.689      0.492      -0.281       0.136
x2             0.5610      0.102      5.501      0.000       0.359       0.763
==============================================================================
Omnibus:                       97.102   Durbin-Watson:                   2.223
Prob(Omnibus):                  0.000   Jarque-Bera (JB):                8.362
Skew:                          -0.114   Prob(JB):                       0.0153
Kurtosis:                       1.602   Cond. No.                         4.97
==============================================================================

Notes:
[1] Standard Errors assume that the covariance matrix of the errors is correctly specified.
```

图 2-2 最小二乘法回归运行结果

StatsModels 的设计目标在于为用户提供一个灵活的框架,用于进行统计分析和建模。它适用于学术研究、数据分析、社会科学、生物医学研究等多个领域，为用户提供了各种工具，使得数据的探索和解释变得更加容易。StatsModels 的官网是 http://www.statsmodels.org/stable/index.html。

3　数据可视化的第三方包

3.1　Matplotlib 可视化包

Matplotlib 是受 MATLAB 启发创建的。它拥有着和 MATLAB 一样强大的面对过程的绘图功能，是高效的数据可视化工具。

Matplotlib 用于创建各种类型的静态、交互式和动态图形。它提供了绘制图表、图形可视化和数据展示的功能，适用于科学、工程、数据分析和数据可视化领域。

Matplotlib 的特点和功能包括：

（1）多种图表类型。Matplotlib 支持多种图表类型，如线图、散点图、柱状图、饼图、3D 图等，使用户能够根据数据的性质选择适当的图表。

（2）多种属性设定。Matplotlib 允许用户自定义图表的各种属性，包括线条颜色、点的样式、图例、标题等，从而使图表能够符合特定需求。

（3）多种输出格式。Matplotlib 可以将图表保存为多种格式，如 PNG、JPEG、PDF、SVG 等，便于在不同媒体上展示和共享。

（4）交互式绘图。除了静态图表，Matplotlib 还支持交互式绘图，使用户能够通过缩放、平移和操作图例来分析数据。

（5）绘图样式和主题。Matplotlib 提供了多种内置绘图样式和主题，用于改变图表的外观，使其更符合科学出版物的要求。

（6）对象导向绘图。Matplotlib 支持对象导向的绘图方式，允许用户使用图形对象创建和定制图表，从而更加灵活地进行图表构建。

（7）子图和布局。Matplotlib 允许用户创建多个子图，并将它们组织成复杂的图形布局，用于比较和展示多个数据集。

（8）集成到其他包。Matplotlib 可以与其他 Python 包，如 Numpy、

Pandas、Scipy 等无缝集成，从而更方便地将数据可视化嵌入分析流程中。

以画直方图为例，首先需要导入模块，因为要用到数据，通常情况下，Matplotlib 包和 Numpy 包是一起使用的。

```
# 导入必要的库
import numpy as np
import matplotlib.pyplot as plt
# 创建一个新的图像,编号为3
plt.figure(3)
# x_index 为柱状图的 x 轴位置
x_index=np.arange(5)    # np.arange(5)返回一个数组[0,1,2,3,4]
x_data=('A','B','C','D','E')    # x 轴上的标签
# y1_data 和 y2_data 是两组柱状图的高度值
y1_data=(20,35,30,35,27)
y2_data=(25,32,34,20,25)
# 柱状图的宽度设置
bar_width=0.35
# 绘制第一组柱状图为实心柱子
rects1=plt.bar(x_index,y1_data,width=bar_width,color='black',edgecolor='black',label='legend1')
# 绘制第二组柱状图为空心柱子
# 使用 facecolor='none'使柱体透明,并使用 edgecolor 设置边框颜色
rects2=plt.bar(x_index+bar_width,y2_data,width=bar_width,facecolor='none',edgecolor='black',label='legend2')
# 设置 x 轴的刻度位置和标签.刻度位置为两组柱的中间位置.
plt.xticks(x_index+bar_width / 2,x_data)
# 显示图例
plt.legend()
# 优化布局,使得图与图之间的间距更合适
plt.tight_layout()
# 显示图形
plt.show()
```

运行结果见图 3-1。

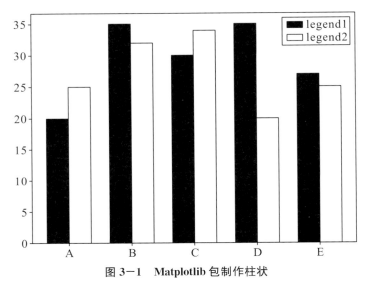

图 3—1　**Matplotlib 包制作柱状**

无论是用于学术研究、数据分析还是用于创建漂亮的数据可视化图，Matplotlib 都是一个非常强大且灵活的工具。它的广泛应用使得数据科学家、工程师和研究人员能够将复杂的数据和信息以直观的方式传达给其他人。Matplotlib 还可以实现多种数学图形的绘制，有兴趣的读者可以在官网 https://matplotlib.org/上进一步学习。

3.2　Seaborn 可视化包

Seaborn 是一个基于 Matplotlib 的 Python 数据可视化包。它提供了一个更高级别的接口去绘制各种精美且具有统计意义的图形。Seaborn 是 Matplotlib 的补充，不是替代物，它们的结合使得 Python 成为一种非常强大的数据可视化工具。

以下是 Seaborn 的一些优点：

（1）主题样式。Seaborn 提供了一系列美观的主题样式，包括"darkgrid""whitegrid""dark"等，可以通过 seaborn.set_style()函数设置。

（2）颜色控制。Seaborn 提供了一种色彩理论引导的调色板，使得图表更加美观且易于解释。

（3）更为高级的图形类型。除了 Matplotlib 提供的基本图形如折线图、柱状图、散点图以外，Seaborn 还提供一些更高级的图形类型，如小提琴图、蜂群图、热力图等。这些图形类型更适合表示复杂的统计关系。

（4）更好的集成度。Seaborn 原生支持 Pandas 数据结构，可以直接对 DataFrame 数据进行可视化。

（5）自动化的统计计算。Seaborn 可以在绘图的时候自动进行统计计算，如回归线、直方图频率区间等。

Seaborn 是一个强大的可视化包，旨在使数据可视化过程更为简单、直观。不过，Seaborn 虽然强大，但它的执行速度相对于 Matplotlib 会稍慢一些，尤其是在处理大型数据集时。因此在实际使用中，可以根据需要和数据的情况，适当地选择使用 Matplotlib 或是 Seaborn。

下面以 Seaborn 画图为例，数据集使用的是 Seaborn 内置的 iris 数据集。

```
importseaborn as sns
importmatplotlib.pyplot as plt
#加载数据集
iris=sns.load_dataset('iris')
#查看数据集概述，了解到有五个特征(斯芬克、萼片宽度、花瓣长度、花瓣宽度以及种类)
print(iris.head())
#使用 Seaborn 的 swarmplot 函数绘制散点图
sns.swarmplot(x="species", y="petal_length", data=iris)
#显示图像
plt.show()
```

运行结果见图 3-2。

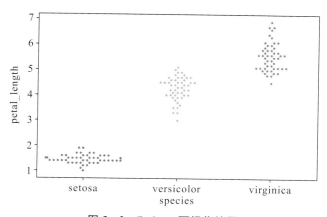

图 3-2　Seaborn 可视化结果

3.3　其他可视化的第三方包

（1）Plotly。Plotly 是一个用于绘制交互式图表的 Python 包。它支持一系列的图表类型，包括线图、散点图、柱状图、饼图、热力图甚至是 3D 图等，且每种图表还具有丰富的定制选项，用户可以按需调整图表的设计和布局。Plotly 的一大优点就是它的交互能力强，用户可以点击、拖拽、缩放图表，甚至能读取相应数值。此外，Plotly 还可以生成网页嵌入的图像，利于分享和展示。

（2）Bokeh。Bokeh 是一个专门用于构建高效、灵活且交互式的数据可视化图的 Python 包。Bokeh 提供了大量的定制选项，包括颜色、字体、样式等，适用于大数据集和实时数据流。Bokeh 可以绘制静态的、交互式的实时数据流图表。同时，Bokeh 输出的图像可以显示在 Jupyter Notebook 中，也可以生成 html 文件。

（3）ggplot。ggplot 是一个在 R 语言环境中优秀的数据可视化库 ggplot2 的 Python 版本。ggplot 的设计符合"图形语法"，使得用户可以以非常自然的方式来描述和创建复杂的可视化。换句话说，用户不再依赖预定的模板或配置，而是可以自由组合和创建所需的视觉效果。

（4）Altair。Altair 是一种声明式的统计可视化库，基于 Vega 和 Vega-Lite 可视化语法。Altair 的设计理念是：你只用告诉它你想什么，不用告诉它怎么做。用户只需要在代码中声明数据的属性和映射关系，Altair 就能自动生成准确的统计图表。Altair 特别擅长绘制统计图表，支持直方图、散点图、热力图、箱线图等，并且也具有良好的交互性。

4 机器学习的第三方包

4.1 Scikit-learn 包与机器学习

Scikit-learn 的简称是 Sklearn，它是 Python 上专门用于机器学习的包，包含分类、回归、无监督、数据降维、数据预处理等常用的机器学习方法。

Scikit-learn 库的主要特点和功能包括：

（1）广泛的机器学习算法。Scikit-learn 提供了多种经典和现代的机器学习算法，包括线性回归、支持向量机、随机森林、朴素贝叶斯、K 近邻等。这些算法涵盖分类、回归、聚类、降维等多个任务。

（2）数据预处理和特征工程。Scikit-learn 提供了丰富的数据预处理和特征工程工具，用于处理缺失值、标准化数据及进行特征选择和转换等。

（3）模型选择和评估。Scikit-learn 提供了交叉验证、网格搜索等工具，帮助用户选择合适的模型参数，以及评估模型的性能。

（4）流水线和工作流。Scikit-learn 支持创建机器学习工作流，包括数据处理、特征工程和模型训练，从而简化和加速实验流程。

（5）集成到其他包。Scikit-learn 可以与其他 Python 包，如 Numpy、Pandas 和 Matplotlib 等无缝集成，使得数据处理、分析和可视化更加方便。

（6）可扩展性和定制性。Scikit-learn 允许用户创建自定义的机器学习模型、评估指标和转换器，以满足特定需求。

（7）文档丰富。Scikit-learn 提供了详细的文档和示例，帮助用户理解和使用库中的功能。

为更好地介绍 Scikit-learn 包的功能，本书采用其自带的波士顿房价数据，利用线性回归的方法对波士顿房价进行预测。首先建立预测模型，其次划分训练集和测试集，最后输出预测结果。同时通过导入结果评价包，利用平均绝对值误差对结果进行评价。

```
# 导入必要的库
from sklearn.linear_model import LinearRegression
from sklearn.datasets import load_boston
from sklearn.model_selection import train_test_split
from sklearn.metrics import mean_absolute_error
# 加载波士顿房价数据集
# 此数据集描述了波士顿各个房子周围的若干特征与其房价的关系
data=load_boston()
# 划分数据集为训练集和测试集
# 使用70%的数据作为训练数据,其余30%用于测试
X_train, X_test, y_train, y_test=train_test_split(
    data.data, data.target, test_size=0.3, random_state=0
)
# 建立线性回归模型
clf=LinearRegression()
# 使用训练数据来训练模型
clf.fit(X_train, y_train)
# 使用测试数据对模型进行预测
predict_data=clf.predict(X_test)
# 输出预测的房价
print("预测的房价:", predict_data)
# 使用平均绝对误差来评价预测的准确性
appraise=mean_absolute_error(y_test, predict_data)
print("平均绝对误差:", appraise)
```

运行结果如图4-1所示。

预测的房价：[24.9357079　23.75163164 29.32638296 11.97534566 21.37272478 19.19148525
20.5717479　21.21154015 19.04572003 20.35463238　5.44119126 16.93688709
17.15482272　5.3928209　40.20270696 32.31327348 22.46213268 36.50124666
31.03737014 23.17124551 24.74815321 24.49939403 20.6595791　30.4547583
22.32487164 10.18932894 17.44286422 18.26103077 35.63299326 20.81960303
18.27218007 17.72047628 19.33772473 23.62254823 28.97766856 19.45036239
11.13170639 24.81843595 18.05294835 15.59712226 26.21043403 20.81140432
22.17349382 15.48367365 22.62261604 24.88561528 19.74754478 23.0465628
9.84579105 24.36378793 21.47849008 17.62118176 24.39160873 29.95102691
13.57219422 21.53645439 20.53306273 15.03433182 14.3232289　22.11929299
17.07321915 21.54141094 32.96766968 31.371599　17.7860591　32.75069556
18.74795323 19.21428022 19.41970047 23.08087809 22.87732816 24.06399098
30.52824406 28.71453508 25.90763165　5.17596718 36.8709072　23.76983849
27.26064379 19.25849042 28.41860517 19.3008798　18.94922353 38.00154059
39.44096748 23.72297885 24.83722534 16.52015743 25.9970546　16.73997072
15.48656983 13.52825536 24.12884363 30.76919578 22.18731163 19.8848644
0.42275479 24.86785849 16.05692　17.42486412 25.49798527 22.35171315
32.66562689 22.04428746 27.29799885 23.20302026　6.86196574 14.869251
22.31804948 29.18125768 33.22568234 13.24392523 19.67195771 20.7502616
12.02271319 23.50067006　5.55662571 19.87634689　9.27059783 44.81787339
30.56017983 12.44394048 17.33192202 21.48313292 23.52664913 20.49877266
35.09161099 13.22639935 20.70321163 35.35582833 19.45050576 13.81603561
14.15654562 23.03678503 15.07521258 30.9662041　25.23236632 15.43763716
24.06406534　9.93080346 15.01618901 21.06098873 32.87115732 27.80927747
25.91293794 15.27877362 30.97489404 27.81107682 14.5068157　7.57369946
28.3348068　25.04341153]
平均绝对误差：3.609904060381805

图 4-1　预测房价和平均绝对误差

Scikit-learn 在机器学习领域得到广泛应用，不仅适用于学术研究，还被广泛用于实际问题的解决，如图像分类、文本分析、医疗诊断、金融预测等。其强大的功能和易用的界面使得机器学习模型的构建和应用变得更加容易，为从数据中获得有用信息提供了重要支持。

4.2　Keras 包与深度学习

Keras 是一个由 Python 编写的开源人工神经网络包，可以作为 Tensorflow、Microsoft-CNTK 和 Theano 的高阶应用程序接口，进行深度学习模型的设计、调试、评估、应用和可视化。

Keras 包面向对象方法编写，完全模块化并有可扩展性特征。其运行机制和说明文档将也考虑到用户体验和操作难度，从而降低了复杂算法的实现难度。Keras 支持现代人工智能领域的主流算法，包括前馈结构和递归结构的神经网络，也可以通过封装参与构建统计学习模型。在硬件和开发环境方面，Keras 支持多操作系统下的多 GPU 并行计算，可以根据后台设置转化为 Tensorflow、Microsoft-CNTK 等框架下的组件。

Keras 主要用于深度学习以及神经网络等方面，因为一般这类项目的代码量都比较大，这里就不举例介绍了，感兴趣的同学可以上官网 https：//keras.io/zh/或者 https：//keras.io/了解。

以 Keras 构建简单神经网络预测波士顿房价为例。

```
＃导入需要的模块
fromkeras.datasets import boston_housing
fromkeras.models import Sequential
fromkeras.layers import Dense
＃载入数据
(train_data, train_targets), (test_data, test_targets)＝    boston_housing.
load_data()
＃对数据进行标准化
mean＝train_data.mean(axis＝0)
train_data －＝mean
std＝train_data.std(axis＝0)
train_data /＝std
test_data －＝mean
test_data /＝std
＃构建神经网络模型
model＝Sequential()
model.add(Dense(64, activation＝'relu', input_shape＝(train_data.shape
[1],)))
model.add(Dense(64, activation＝'relu'))
model.add(Dense(1))
model.compile(optimizer＝'rmsprop', loss＝'mse', metrics＝['mae'])＃训练
模型
model.fit(train_data, train_targets, epochs＝10, batch_size＝1, verbose＝0)
＃测试模型
mse_value, mae_value＝model.evaluate(test_data, test_targets, verbose＝0)
```

```
print(f"Mean Squared Error: {mse_value}")
print(f"Mean Absolute Error: {mae_value}")
```

运行以后结果如下：

Mean Squared Error: 21.8228702545166

Mean Absolute Error: 2.8745758533477783

该模型是一个简单的全连接神经网络，通过对输入数据进行标准化以提高模型的表现；使用了均方误差作为损失函数，这是回归问题的常见损失函数。最后给出了在测试集上的均方误差和平均绝对误差。请注意，这个案例只是一个基础模型，实际情况可能需要更复杂的模型以及参数来调整。

4.3　Gensim 包与文本挖掘

Gensim 是一款开源的 Python 包，用于通过非监督语义模型从原始非结构化的文本中，无监督地学习到文本隐藏层的主题向量表达。它支持如 Word2Vec、FastText、LSA、LDA 等诸多流行的模型和算法。

以下是 Gensim 的一些主要特性：

（1）简洁性。Gensim 的接口设计清晰直观，新的语义模型和算法也可以方便地通过复用现有的组件来添加。

（2）无监督学习。Gensim 不需要人工标注的训练数据，只需要传入一系列的文本即可。

（3）高效性。Gensim 的核心算法如 LSA 和 LDA 使用了 Python 进行优化，能够高效地处理大规模数据。

（4）扩展性。Gensim 旨在处理大规模文本数据，可以在一台普通的个人电脑上处理超过十亿词汇的文本数据。

（5）鲁棒性。Gensim 允许用户在模型训练的过程中进行新数据的动态更新，也支持对训练中断的模型进行保存和恢复。

Gensim 在自然语言处理和机器学习领域有很广泛的应用，包括计算相似度、主题建模、文本聚类、文本分类等。

Gensim 里面的算法，比如 Latent Semantic Analysis（潜在语义分析，LSA）、Latent Dirichlet Allocation、Random Projections，通过语料库训练来检验词的统计共生模式（statistical co-occurrence patterns）以发现文档的语

义结构。这些算法是非监督的，也就是说，用户只需要一个语料库的文档集。当得到这些统计模式后，任何文本都能够用语义表示（semantic representation）来简洁地表达，并得到一个局部的相似度来与其他文本区分开。Gensim 的官网是 https://radimrehurek.com/gensim/。

下面是文本分析的案例：

```
#导入必要的库
from gensim import corpora
from collections importdefaultdict
#1.初始化文档
documents=[
        "Human machine interface for lab abc computer applications",
        "A survey of user opinion of computer system response time",
        "The EPS user interface management system",
        "System and human system engineering testing of EPS",
        "Relation of user perceived response time to error measurement",
        "The generation of random binary unordered trees",
        "The intersection graph of paths in trees",
        "Graph minors IV Widths of trees and well quasi ordering",
        "Graph minors A survey"
    ]
#2.文档预处理
#去掉停用词
stoplist=set('for a of the and to in'.split())
texts=[[word for word in document.lower().split() if word not in
stoplist]
        for document in documents]
#去掉只出现一次的单词
frequency=defaultdict(int)
for text in texts:
    for token in text:
        frequency[token]+=1
texts=[[token for token in text if frequency[token] > 1]
        for text in texts]
```

```
#3.使用 Gensim 创建字典和语料库
#创建字典
dictionary=corpora.Dictionary(texts)
#展示每个词与其 ID 的映射
print("Dictionary:",dictionary.token2id)
#将文档转换为词袋模型
corpus=[dictionary.doc2bow(text) for text in texts]
#展示每个文档的词袋表示
print("Corpus:",corpus)
```

运行结果如下：

Dictionary: {'computer': 0, 'human': 1, 'interface': 2, 'response': 3, 'survey': 4, 'system': 5, 'time': 6, 'user': 7, 'eps': 8, 'trees': 9, 'graph': 10, 'minors': 11}

Corpus: [[(0, 1), (1, 1), (2, 1)], [(0, 1), (3, 1), (4, 1), (5, 1), (6, 1), (7, 1)], [(2, 1), (5, 1), (7, 1), (8, 1)], [(1, 1), (5, 2), (8, 1)], [(3, 1), (6, 1), (7, 1)], [(9, 1)], [(9, 1), (10, 1)], [(9, 1), (10, 1), (11, 1)], [(4, 1), (10, 1), (11, 1)]]

运行结果表明，该程序可以把 documents 中的停用词以及只出现一次的词剔除，并提取出其他关键词，来完成基础的文本挖掘工作。

4.4　NLTK 包与自然语言处理

NLTK 是一个当下流行的用于自然语言处理（Natural Language Processing，NLP）的 Python 包。学习自然语言处理能带来什么好处？简单来说，自然语言处理就是开发能够理解人类语言的应用程序和服务。

工作和学习中会经常接触的自然语言处理的应用包括语音识别、语音翻译、理解句意、理解特定词语的同义词，以及写出语法正确、句意通畅的句子和段落。

NLTK 提供了易于使用的接口，通过这些接口可以访问超过 50 个语料库和词汇资源（如 WordNet），还有一套用于分类、标记化、词干标记、解析和语义推理的文本处理包，以及工业级 NLP 包的封装器和一个活跃的讨论论坛。

统计语言学话题方面的手动编程指南加上全面的 API 文档，使得 NLTK

非常适用于语言学家、工程师、学生、教育家、研究人员以及行业用户等人群。NLTK 可以在 Windows、Mac OS X 以及 Linux 系统上使用。最好的一点是，NLTK 是一个免费、开源的社区驱动的项目。

NLTK 其实和 Gensim 差不多，都是对文本的处理，这里就不举例了，感兴趣的读者可以去官网 http://www.nltk.org/ 了解。

具体应用流程如下：

第一步：安装 NLTK。在开始之前，请确保您已经安装了 NLTK 包。可以使用以下命令进行安装：

pip installnltk

第二步：下载 NLTK 数据。在使用 NLTK 进行文本处理之前，需要下载一些基础的数据集和模型。可以通过以下代码来实现：

```
import nltk
# 下载用于分词的 Punkt Tokenizer Models
nltk.download('punkt')
# 下载常用的英语停用词集
nltk.download('stopwords')
# 下载用于词性标注的 Averaged Perceptron Tagger
nltk.download('averaged_perceptron_tagger')
```

这些代码会下载用于分词和停用词过滤以及词性标注的必要资源。

第三步：文本分词（Tokenizing）。分词是将文本分割成更小单元（单词或句子）的过程，是大多数自然语言处理任务的基础。

```
from nltk.tokenize import sent_tokenize, word_tokenize
# 示例字符串
example_string = """
Muad'Dib learned rapidly because his first training was in how to learn.
And the first lesson of all was the basic trust that he could learn.
It's shocking to find how many people do not believe they can learn,
and how many more believe learning to be difficult."""
# 使用 sent_tokenize 将文本分割成句子
print(sent_tokenize(example_string))
# 使用 word_tokenize 将文本分割成单词
print(word_tokenize(example_string))
```

输出结果：

['\nSam learned rapidly because his first training was in how to learn.', 'And the first lesson of all was the basic trust that he could learn. ', " It ' s shocking to find how many people do not believe they can learn, \nand how many more believe learning to be difficult. "]

['Sam', 'learned', 'rapidly', 'because', 'his', 'first', 'training', 'was', 'in', 'how', 'to', 'learn', '.', 'And', 'the', 'first', 'lesson', 'of', 'all', 'was', 'the', 'basic', 'trust', 'that', 'he', 'could', 'learn', '.', 'It', "'s", 'shocking', 'to', 'find', 'how', 'many', 'people', 'do', 'not', 'believe', 'they', 'can', 'learn', ',', 'and', 'how', 'many', 'more', 'believe', 'learning', 'to', 'be', 'difficult', '.']

第四步：过滤停用词（Filtering Stop Words）。停用词是一些常用词（如"the""is""in"），在预处理阶段通常会被过滤掉。

```
from nltk. corpus import stopwords
from nltk. tokenize import word_tokenize
#获取英语停用词集
stop_words=set(stopwords. words("english"))
#示例句子
worf_quote="Sir, I protest. I am not a merry man!"
#分词
words_in_quote=word_tokenize(worf_quote)
#过滤掉停用词
filtered_list=[word for word in words_in_quote if word. casefold() not in stop_words]
print(filtered_list)
```

输出结果：

['Sir', ',', 'protest', '.', 'merry', 'man', '!']

第五步：词干提取（Stemming）。词干提取是将词汇还原为基本形式的过程。

```
from nltk. stem import PorterStemmer
from nltk. tokenize import word_tokenize
#创建词干提取器
```

```
stemmer=PorterStemmer()
#示例文本
string_for_stemming="""
The crew of the USS Discovery discovered many discoveries.
Discovering is what explorers do."""
#分词
words=word_tokenize(string_for_stemming)
#对每个词进行词干提取
stemmed_words=[stemmer.stem(word) for word in words]
print(stemmed_words)
```

输出结果：

['the', 'crew', 'of', 'the', 'uss', 'discoveri', 'discov', 'mani', 'discoveri', '.', 'discov', 'is', 'what', 'explor', 'do', '.']

第六步：词性标注（Part-of-Speech Tagging）。这涉及将文本中的每个词标记出相应的词性。

```
from nltk.tokenize import word_tokenize
import nltk
#示例文本
sagan_quote="""
If you wish to make an apple pie from scratch,
you must first invent the universe."""
#分词
words_in_sagan_quote=word_tokenize(sagan_quote)
#进行词性标注
pos_tagged=nltk.pos_tag(words_in_sagan_quote)
print(pos_tagged)
```

输出结果：

[('If', 'IN'), ('you', 'PRP'), ('wish', 'VBP'), ('to', 'TO'), ('make', 'VB'), ('an', 'DT'), ('apple', 'NN'), ('pie', 'NN'), ('from', 'IN'), ('scratch', 'NN'), (',', ','), ('you', 'PRP'), ('must', 'MD'), ('first', 'VB'), ('invent', 'VB'), ('the', 'DT'), ('universe', 'NN'), ('.', '.')]

4.5 NetworkX 包与复杂网络分析

NetworkX 包在 2002 年 5 月产生，是用 Python 语言编写的包，便于用户对复杂网络进行创建、操作和学习。利用 NetworkX 可以在网络中存储标准化和非标准化的数据格式、生成多种随机网络和经典网络、分析网络结构、建立网络模型、设计新的网络算法、进行网络绘制等。

NetworkX 的主要特点和功能包括：

（1）创建图结构。NetworkX 允许用户轻松地创建多种类型的图结构，包括无向图、有向图、加权图、多重图等。用户可以通过添加节点和边来构建复杂的网络。

（2）图分析。NetworkX 提供了丰富的图分析工具，用于计算节点度、节点间的最短路径、图的连通性等。这些分析工具可帮助用户深入了解网络的结构和特性。

（3）图算法。NetworkX 包含多种图算法，用于解决各种图相关的问题，如最短路径、连通性、图匹配、社区检测等。

（4）图布局。NetworkX 提供多种图布局算法，用于在二维平面上绘制节点和边，以便可视化图的结构。

（5）可视化。NetworkX 允许用户绘制和可视化图结构，可以根据需要自定义节点和边的样式、颜色等。

（6）性能优化。尽管 NetworkX 在处理小规模图时表现出色，但它也具备一些性能优化功能，使其能够处理中等规模的网络。

（7）图生成器。NetworkX 包含多个图生成器，用于生成各种经典和随机的图结构，方便研究和实验。

（8）图扩展性。NetworkX 适用于许多领域，包括社交网络分析、传播模型研究、基础设施规划等。

下面举个例子，看看怎样利用 NetworkX 来绘制复杂网络图。

importmat plotlib. pyplot as plt

importnet workx as nx

♯为了演示,将使用 NetworkX 包来创建一个棒棒糖图形

♯棒棒糖图是一个完全图和一条路径的结合,可以将其想象为一个风筝的形状

＃创建一个棒棒糖图,其中4个节点形成完全图(风筝的上部分),另外6个节点形成路径(风筝的尾巴)

kite_graph＝nx.lollipop_graph(4,6)

＃使用 NetworkX 的 draw 函数来绘制图形

＃ with_labels＝True 表示希望在图上显示节点标签

＃ node_color='gray'将所有的节点颜色设置为灰色

nx.draw(kite_graph,with_labels＝True,node_color='gray')

＃使用 Matplotlib 显示图形

plt.title("Kite (Lollipop) Graph")

plt.show()

运行结果见图 4－2。

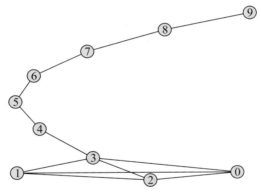

图 4－2　NetworkX 创建网络结构图

NetworkX 在图论研究、社交网络分析、传播模型研究、基础设施规划等领域获得了广泛的应用。无论用户是对图论感兴趣还是需要处理和分析复杂网络,NetworkX 都提供了丰富的工具和功能,使用户能够更好地理解和研究各种类型的图结构。

第2部分

Python晋级篇

5 Yfinance 包获取和分析股票及股指数据

5.1 Yfinance 简介

数据分析和科学计算的第一步是找到可靠而真实的数据。金融市场如此庞大，数据获取的渠道有很多，各大财经网站都可以爬取。但是毕竟爬取数据是很费精力的，从头爬取十分麻烦。因此，本节介绍一个 Python 的第三方包 Yfinance，可以免去爬取的麻烦，几乎可以当作 API 来调用。Yfinance 是一个功能强大的 Python 包，它使研究者能够访问和分析 Yahoo Finance 的历史市场数据。它简化了检索金融信息（如股票价格、数量、股息等）的过程。

5.2 Yfinance 获取股票数据

（1）获取个股数据，以阿里巴巴（美股代码：BABA）为例。

```
import yfinance as yf
import matplotlib.pyplot as plt
#选择要查询的股票代码
ticker_symbol='BABA'
stock=yf.Ticker(ticker_symbol)
#获取股票基本信息
stock_info=stock.info
print(stock_info)
#获取股票的历史数据
hist_data=stock.history(period='max')
```

```
hist_close=hist_data['Close']
#可视化历史收盘价格
plt.figure(figsize=(12,6))
plt.title(f'{ticker_symbol} Stock Close Price Over Time')
hist_close.plot()
plt.xlabel('Date')
plt.ylabel('Close Price')
plt.grid(True)
plt.tight_layout()
plt.show()
```

运行结果见图5-1。

图5-1　用 Yfinance 获取阿里巴巴股票数据并可视化

（2）获取多只股票数据。下载阿里巴巴和苹果（美股代码"AAPL"）的历史数据，设置时间段为2019年1月2日至2019年11月20日，也可以使用 pandas_datareader 去更快地下载数据。为确保返回的数据与 pandas_datareader 的格式相同，可以使用 pandas_datareader.data.get_data_yahoo()方法。

```
from pandas_datareader import data as pdr
import yfinance as yf
import pandas as pd
#使用 yfinance 修补 pandas_datareader 的功能
yf.pdr_override()
#设置获取数据的时间范围
```

```
start_date="2019-01-02"
end_date="2019-11-20"
#定义要获取数据的股票代码列表
stock_symbols=['BABA','AAPL']
#创建一个空字典来保存股票数据
stock_data={}
#遍历股票代码列表,并下载每只股票的数据
for symbol in stock_symbols:

stock_data[symbol]=pdr.get_data_yahoo(symbol,start=start_date,end=
end_date)
#输出获取的数据
for symbol,data in stock_data.items():
    print(f"Data for {symbol}:")
    print(data)
    print("\n"+"-"*50+"\n")
```

获取的多只股票数据见图 5-2。

```
[*********************100%%**********************]  1 of 1 completed
[*********************100%%**********************]  1 of 1 completed
Data for BABA:
               Open        High   ...   Adj Close     Volume
Date                               ...
2019-01-02  134.130005  137.748993  ...  136.699997  16708400
2019-01-03  134.270004  134.869995  ...  130.600006  19531300
2019-01-04  134.259995  141.080002  ...  139.750000  22845400
2019-01-07  140.550003  144.080002  ...  143.100006  17239000
2019-01-08  145.000000  147.550003  ...  146.789993  16487600
...                ...         ...  ...         ...        ...
2019-11-13  185.470001  185.673996  ...  182.479996  14977700
2019-11-14  182.869995  184.500000  ...  182.800003  12712800
2019-11-15  184.000000  185.600006  ...  185.490005  11296400
2019-11-18  186.979996  186.979996  ...  184.610001  11822900
2019-11-19  186.309998  186.710007  ...  185.250000  13407200

[224 rows x 6 columns]


-------------------------------------------------


Data for AAPL:
               Open        High        Low       Close   Adj Close     Volume
Date
2019-01-02  38.722500  39.712502  38.557499  39.480000  37.943264  148158800
2019-01-03  35.994999  36.430000  35.500000  35.547501  34.163830  365248800
2019-01-04  36.132500  37.137501  35.950001  37.064999  35.622261  234428400
2019-01-07  37.174999  37.207500  36.474998  36.982498  35.542965  219111200
2019-01-08  37.389999  37.955002  37.130001  37.687500  36.220528  164101200
...               ...        ...        ...        ...        ...        ...
2019-11-13  65.282501  66.195000  65.267502  66.117500  64.498657  102734400
2019-11-14  65.937500  66.220001  65.525002  65.660004  64.052353   89182800
2019-11-15  65.919998  66.445000  65.752502  66.440002  64.813263  100206400
2019-11-18  66.449997  66.857498  66.057503  66.775002  65.140045   86703200
2019-11-19  66.974998  67.000000  66.347504  66.572502  64.942497   76167200

[224 rows x 6 columns]


-------------------------------------------------



Process finished with exit code 0
```

图 5-2　Yfinance 和 pandas_datareader 结合获取多只股票数据

5.3　分析股指规则

首先，上雅虎财经官网查看不同股指的代码（见图 5-3），下一步要用。

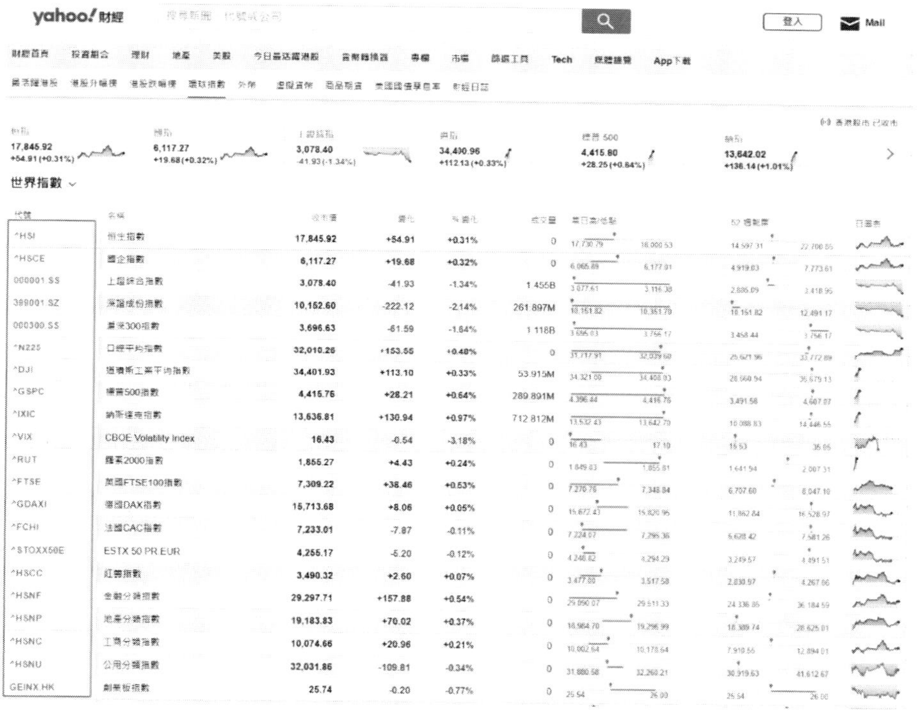

图 5-3　雅虎财经

其次，获取"中国上证指数、中国香港恒生指数、日本日经 225 指数、韩国综合指数、新加坡海峡时报指数、英国富时 100 指数、道琼斯工业平均指数、巴西 Bovespa 指数"并将各个指数的收盘价做成时序图。

```
#导入必要的库
import yfinance as yf
from pandas_datareader import data as pdr
import matplotlib.pyplot as plt
import numpy as np
from matplotlib.font_manager import FontProperties
```

```python
# 使用 Yfinance 重写 pandas_datareader 的默认方法
yf.pdr_override()
# 设置字体属性
font=FontProperties(fname="./font.otf",size=18)
# 定义全球股票指数和它们的描述
WorldStockIndexList={
    '000001.SS': '中国上证指数',
    '^HSI': '中国香港恒生指数',
    '^N225': '日本日经225指数',
    '^KS11': '韩国综合指数',
    'STI': '新加坡海峡时报指数',
    '^FTSE': '英国富时100指数',
    '^DJI': '道琼斯工业平均指数',
    '^BVSP': '巴西 Bovespa 指数'
}
# 获取每个股票指数的数据
world_data={}
for ticker inWorldStockIndexList.keys():
    world_data[ticker]=pdr.get_data_yahoo(ticker)
# 准备绘图相关数据
subjects=list(WorldStockIndexList.values())
tickers=list(WorldStockIndexList.keys())
colors=['red','green','blue','cyan','brown','gold','fuchsia','black']
# 创建画布,并设置标题
fig,axs=plt.subplots(4,2,figsize=(32,36))
fig.suptitle('环球指股',fontsize=36,fontproperties=font)
# 遍历每个股票指数,并在子图上进行绘制
for idx,ax in enumerate(axs.ravel()):
    y_data=world_data[tickers[idx]]['Close']
    ax.plot(y_data,color=colors[idx])
    ax.set_title(subjects[idx],fontproperties=font)
# 显示图像
plt.tight_layout()
```

plt.subplots_adjust(top=0.95)　♯ 调整整体布局,确保标题位置正确

plt.show()

运行结果见图 5-4。结果显示，某些股指之间的形态还是很相似的。

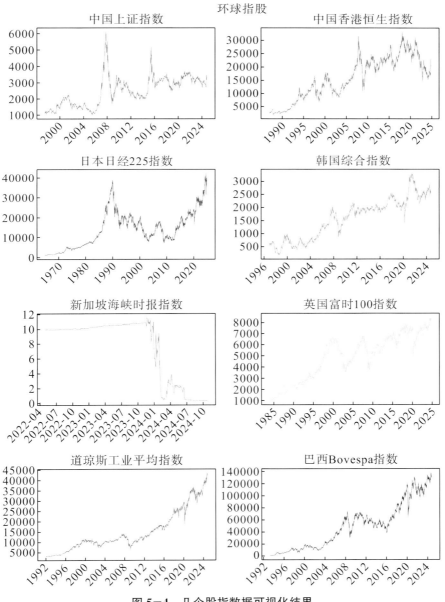

图 5-4　几个股指数据可视化结果

6 决策树模型分析影响心脏病的因素

6.1 研究问题及变量说明

由于慢性病的形成受诸多因素的影响，牵涉诸多变量，传统的建模方法会导致模型异常复杂，求解时间和效率大大降低。本案例采用机器学习的决策树算法，通过分析影响慢性病的特征，对个体的慢性病状况进行预测评估。慢性病的种类繁多，本案例以心脏病为例进行研究，采取的数据集为加利福尼亚大学尔湾分析（UCI）心脏病数据集。数据集变量说明见表6-1。

表6-1 案例数据集变量说明

符号	意义
age	年龄（年）
sex	性别（1＝男，0＝女）
cp	胸痛类型
trestbps	静息血压（mmHg）
cholesterol	血清胆固醇（mg/dl）
fbs	空腹血糖（1为大于120mg/dl，0为小于120mg/dl）
restecg	静息心电图
thalach	最大心率
exang	运动性心绞痛
oldpeak	运动诱发ST段压低与休息的关系
slope	运动ST段压峰值斜率
ca	荧光染色的主要血管数目

符号	意　义
target	心脏病诊断结果（0＝未患病，1＝患病）
lifestyle	生活习惯（0＝生活习惯不好，1＝生活习惯良好）
pressure	精神压力（0＝精神压力较小，1＝精神压力大）

6.2　数据预处理及相关性分析

6.2.1　数据预处理及相关系数计算

（1）对数据进行预处理，并检查有无空缺值。Python 代码如下：

```python
import pandas as pd
#导入数据
df=pd.read_csv("heart.csv")
#查看前五列
print(df.head())
#查看描述统计结果
print(df.describe())
#查看表格形状
print(df.shape)
#检查是否有空缺值
print("空缺值的个数:"+str(df.isnull().sum().max()))
```

输出结果见图6-1。

```
     age  sex  cp  trestbps  chol  fbs  ...  exang  oldpeak  slope  ca  thal  target
0     52    1   0       125   212    0  ...      0      1.0      2   2     3       0
1     53    1   0       140   203    1  ...      1      3.1      0   0     3       0
2     70    1   0       145   174    0  ...      1      2.6      0   0     3       0
3     61    1   0       148   203    0  ...      0      0.0      2   1     3       0
4     62    0   0       138   294    1  ...      0      1.9      1   3     2       0

[5 rows x 14 columns]
                age          sex  ...          thal        target
count   1025.000000  1025.000000  ...   1025.000000   1025.000000
mean      54.434146     0.695610  ...      2.323902      0.513171
std        9.072290     0.460373  ...      0.620660      0.500070
min       29.000000     0.000000  ...      0.000000      0.000000
25%       48.000000     0.000000  ...      2.000000      0.000000
50%       56.000000     1.000000  ...      2.000000      1.000000
75%       61.000000     1.000000  ...      3.000000      1.000000
max       77.000000     1.000000  ...      3.000000      1.000000

[8 rows x 14 columns]
(1025, 14)
空缺值的个数: 0
```

图6—1　数据预处理结果

（2）各个变量间的相关性分析。对各个变量之间的相关性进行分析，得到热力图（见图6－2）。从图中可以看出，生活习惯与患病情况呈负相关关系，精神压力与患病情况呈正相关关系。同时与其他身体指标数据相比，生活习惯、精神压力的相关系数更高，它们对心脏病的影响不容忽视。

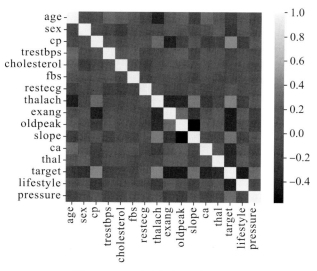

图6—2　心脏病数据库的热力图

Python 代码如下：

```python
import matplotlib.pyplot as plt
import pandas as pd
import seaborn as sns
#定义函数,用于显示数据的相关性矩阵
def co_matrix(dataframe):
    #计算相关性矩阵
    co_mat=dataframe.corr()
    #使用 seaborn 的 heatmap 函数绘制热图
    sns.heatmap(co_mat,vmax=1,square=True)
    #显示图表
    plt.show()
#导入数据
df=pd.read_csv("heart.csv")
co_matrix(df)
```

6.2.2 性别、年龄和静息血压与心脏病关系分析

（1）性别与心脏病的关系。从结果（见图 6-3）可以看出，尽管男女生活习惯有所差异，通常认为男性生活习惯更差，更容易患上有关疾病，但该统计结果表明，女性的发病率反而更高，导致该结果的具体原因有待研究。

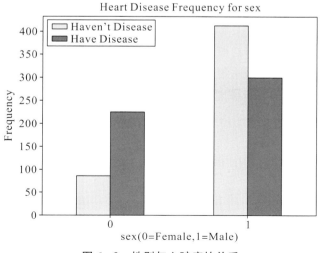

图6-3 性别与心脏病的关系

以下为代码实现：

```python
import matplotlib.pyplot as plt
import pandas as pd
def sex(dataframe):
    #使用 pandas 的交叉表功能,计算各性别的心脏病发病和未发病的数量
        ct=pd.crosstab(dataframe.sex,dataframe.target)
    #绘制柱状图
        ct.plot(kind="bar",color=['#1CA53B','#AA1111'])
    #添加图标题和轴标签
    plt.title('Heart Disease Frequency for sex')
    plt.xlabel('sex (0=Female,1=Male)')
    plt.ylabel('Frequency')
    #调整 x 轴刻度的方向
    plt.xticks(rotation=0)
    #添加图例
    plt.legend(["Haven't Disease","Have Disease"])
    #显示图形
    plt.show()
df=pd.read_csv("heart.csv")
sex(df)
```

（2）年龄与心脏病的关系。从图 6-4 所示的年龄与心脏病的关系可以明显看出，41~55 岁为检出心脏病的高发年龄段，尽管从整体来看，55 岁以后检出人数才是最多的，但这很可能是由于受访者中大于 55 岁的人占比较大；而针对 41~55 岁区间内部来看，该年龄段内检出比（检出人数/总人数）是最大的。

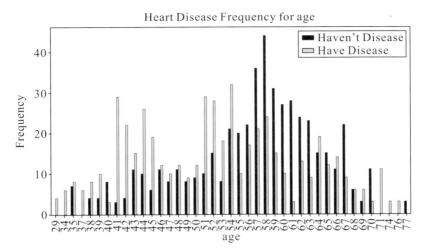

图6—4 年龄与心脏病的关系

```
import matplotlib.pyplot as plt
import pandas as pd
def age(df):
    crosstab_data=pd.crosstab(df.age,df.target)
    #绘图
    crosstab_data.plot(kind="bar",figsize=(10,6),color=['#1CA53B',
'#AA1111'])
    plt.title('Heart Disease Frequency for age')
    plt.xlabel("age")
    plt.ylabel('Frequency')
    #旋转x轴标签,使其更易读
    plt.xticks(rotation=45)
    plt.legend(["Haven't Disease","Have Disease"])
    #调整布局以适应所有元素
    plt.tight_layout()
    plt.show()
df=pd.DataFrame("./heart.csv")
age(df)
```

（3）静息血压与心脏病关系。静息血压范围为收缩压 90～139mmHg，静息血压与心脏病关系（见图6—5）和年龄与心脏病的关系呈现出类似的特征。

一方面，有可能是数据本身的特征；另一方面，静息血压范围过高的人群可能没有机会受访，导致数据本身存在一定的偏差。

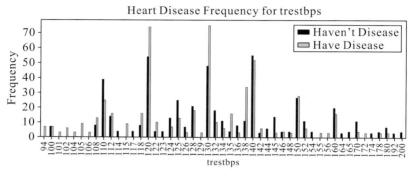

图 6-5　静息血压与心脏病的关系

代码实现如下：

```
import matplotlib. pyplot as plt
import pandas as pd
def blood(df):
    ct=pd. crosstab(df. trestbps, df. target)
# 绘制条形图
    ct. plot(kind="bar", figsize=(18,6), color=['#1CA53B','#AA1111'])
# 设置图的标题和轴标签
    plt. title('Heart Disease Frequency for trestbps')
    plt. xlabel("trestbps")
    plt. xticks(rotation=0)
    plt. legend(["Haven't Disease", "Have Disease"])
    plt. ylabel('Frequency')
# 显示图形
    plt. show()
df=pd. DataFrame("./heart.csv")
blood(df)
```

6.2.3　血清胆固醇含量密度分布

血清胆固醇的正常参考值为 110～220mg/dl，从血清胆固醇含量密度分布图（见图 6-6）可以看出，受访人群的血清胆固醇水平主要集中于 200～

300mg/dl，显著高于正常水平。

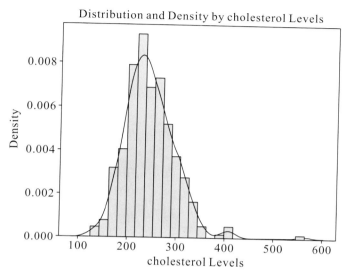

图6-6　血清胆固醇含量密度分布

以下为代码实现：

```
importmatplotlib.pyplot as plt
import pandas as pd
importseaborn as sns
defchol(df):
    #设置图形大小
    plt.figure(figsize=(10,8))
    #使用seaborn的distplot方法绘制分布图
    sns.distplot(df["chol esterol"],bins=24)
    #设置标题和x轴标签
    plt.title("Distribution and Density by cholesterol Levels")
    plt.xlabel("cholesterol Levels")
    #显示图形
    plt.show()
df=pd.read_csv("./heart.csv")
chol(df)
```

6.2.4 最大心率、血清胆固醇、生活习惯和精神压力与心脏病关系

（1）如图6-7所示，主要关注最大心率和心脏病的关系，可以看到最大心率在160上下的人群发病率最高，心率较低的人群患心脏病的概率相对较低。

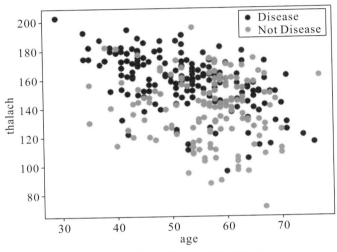

图6-7 最大心率与心脏病的关系

Python实现代码如下：

```
importmatplotlib.pyplot as plt
import pandas as pd
def age_thalach(df):
    #对于有心脏病的数据,使用红色绘制散点
    plt.scatter(x=df.age[df.target==1],y=df.thalach[df.target==1],c="red")
    #对于没有心脏病的数据,使用默认颜色绘制散点
    plt.scatter(x=df.age[df.target==0],y=df.thalach[df.target==0])
    #设置图例
    plt.legend(["Disease","Not Disease"])
    #设置x轴标签
    plt.xlabel("age")
    #设置y轴标签
    plt.ylabel("thalach")
```

```
#显示图表
plt. show( )
df=pd. read_csv(". /heart. csv")
age_thalach(df)
```

（2）血清胆固醇对心脏病的影响。如图6-8所示，同样的主要关注二维散点图中血清胆固醇对心脏病的影响。在该数据中，胆固醇含量和发病率本身并没有显著的相关性，从热力图中可以看到，它们之间甚至呈现了轻微的负相关。尽管似乎有悖常识，但确实与最新的一些研究结果相吻合。

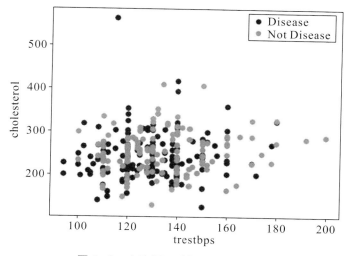

图6-8 血清胆固醇与心脏病的关系

Python实现代码如下：

```
importmatplotlib. pyplot as plt
import pandas as pd
def trest_chol(df):
    #使用散点图绘制 target 为 1(有疾病)的 trestbps 和 cholestorl
    plt. scatter( x = df. trestbps [df. target = = 1], y = df. cholestorl [df.
target==1], c="black", label="Disease")
    #使用散点图绘制 target 为 0(无疾病)的 trestbps 和 cholestorl
    plt. scatter( x=df. trestbps[df. target==0], y=df. chol[df. target==
0], c="grey", label="Not Disease")
    #添加图例
```

```
    plt.legend()
    ＃添加 x 轴和 y 轴的标签
    plt.xlabel("trestbps")
    plt.ylabel("cholestorl")
     ＃ 显示图像
    plt.show()
df＝pd.read_csv("./heart.csv")
trest_cholestorl(df)
```

（3）生活习惯、精神压力与心脏病的关系。从图 6−9 和 6−10 所示的生活习惯、精神压力与心脏病的关系可以看出，生活习惯不佳者患上心脏病的概率明显高于有较好生活习惯的人；而承受较大精神压力的人，同样也有更大的概率患上心脏病。

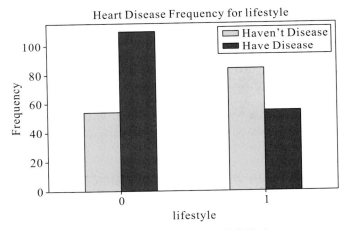

图 6−9 生活习惯与心脏病的关系

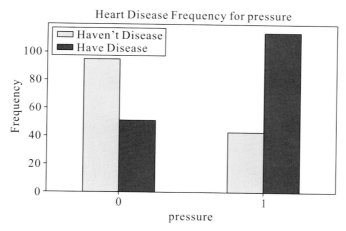

图 6-10 精神压力与心脏病的关系

Python 实现代码如下：

```
#心脏病和生活习惯
def lifestyle(df):
    pd.crosstab(df.lifestyle,df.target).plot(kind="bar",figsize=(10,6),
    color=['#1CA53B','#AA1111'])
    plt.title('Heart Disease Frequency for lifestyle')
    plt.xlabel("lifestyle")
    plt.xticks(rotation=0)
    plt.legend(["Haven't Disease","Have Disease"])
    plt.ylabel('Frequency')
    plt.show()
#心脏病和精神压力
def pressure(df):
    pd.crosstab(df.pressure,df.target).plot(kind="bar",figsize=(10,6),
    color=['#1CA53B','#AA1111'])
    plt.title('Heart Disease Frequency for pressure')
    plt.xlabel("pressure")
    plt.xticks(rotation=0)
    plt.legend(["Haven't Disease","Have Disease"])
    plt.ylabel('Frequency')
    plt.show()
```

6.3 决策树建模及结果分析

根据上述分析结果，采用简单易懂并且适合于本案例的决策树模型，根据已知数据集对居民的心脏病情况进行预测，从而进一步给出建议。决策树模型的工作原理为：决策树通过不断地层层生长，直至分类成功。其基本组成包括：一个根节点，包含全部的样本集；内部节点，表示一个属性或者特征；叶子节点，表示最后的类别（即是否患病）。患病程度本应该有多个不同的等级，但是由于数据集的限制，只能简略的判断有无患病。需要表明的是，模型在面对不同患病程度分类时，依然有很好的适用性。

该算法流程如下：

（1）生成根节点，包含全部样本集。

（2）判断节点中的样本是否属于同一类别，如果是就将节点标记为一个叶节点，否则进行下一步。

（3）从特征中选择一个最优特征，用该特征的不同属性再进行分类。

（4）重复上述过程，直至最后分类完成。

重点看第三步，何为最优呢？有性别、年龄、生活习惯、精神压力等特征，究竟应该怎么选择出最优呢？其目的是希望节点中的样本尽可能地属于同一类别，然后生成叶节点，也就是一个节点"纯不纯"，这也就引出了下面的信息熵和信息增益。

设当前样本集合中第 k 类样本所占的比为 $P_k(k=1，2，\cdots，N)$，则信息熵 $E_{nt}(D)$ 的定义为：

$$E_{nt}(D) = -\sum_{k=1}^{N} P_k \log_2 P_k$$

而信息增益，作为判断一个特征的分类能力的指标，其定义为：

$$Gain(D,a) = E_{nt}(D) - \sum_{v=1}^{V} \frac{|D^v|}{|D|} E_{nt}(D)$$

由上式可知，信息增益越大，纯度越高，特征的分类能力越强，这相较于盲目地选择特征，无疑将大大提高准确率。最终结果显示，对于当前并不完美的数据集，模型求解准确率已经高达 77.05%。

以下为代码实现：

```
importmatplotlib.pyplot as plt
```

```python
import pandas as pd
from sklearn.model_selection import train_test_split
from sklearn import tree
def model(df):
    # 定义目标变量
    y=df["target"]
    # 去掉目标列，获取特征数据
    x_data=df.drop(['target'],axis=1)
    # 归一化特征数据，使其值在0到1之间
    x=(x_data - x_data.min(axis=0)) / (x_data.max(axis=0) - x_data.min(axis=0)).values
    # 将数据集拆分为训练集和测试集
    x_train, x_test, y_train, y_test=train_test_split(x,y,test_size=0.2,random_state=0)
    # 使用决策树算法
    dt_classifier=tree.DecisionTreeClassifier(random_state=1)
    # 在训练集上训练模型
    dt_classifier.fit(x_train,y_train)
    # 输出测试集上的准确率
print("决策树算法准确率:{:.2f}%".format(dt_classifier.score(x_test,y_test)*100))
df=pd.read_csv("./heart.csv")
model(df)
```

由模型结果可知，41～55岁年龄段的心脏病检出率最高；在众多身体指标中，最大心率对心脏病的影响最为明显，值得注意的是，血清胆固醇、性别等因素影响并不明显。除了身体指标以外，生活习惯、精神压力和心脏病之间有着明显的相关性。政府应当在制定针对"失配性"慢性非传染疾病的有关政策时予以关注。

7　Markowitz 投资组合优化的 Python 应用

马科维茨（Markowitz）因其在 1952 年提出投资组合选择理论（Portfolio Selection）获得了诺贝尔经济学奖。他将投资组合的价格变化作为随机变量，以其均值衡量收益，以其方差衡量风险，把投资组合中各种证券所占比例作为变量，从而求出收益一定，方差（风险）最小的投资组合。而有效边界就是在收益−风险约束条件下能够以最小的风险取得最大的收益的各种证券的集合。关于投资组合有效边界的数学证明相对复杂，本案例利用 Python 进行可视化的分析和验证。风险−收益关系见图 7−1。

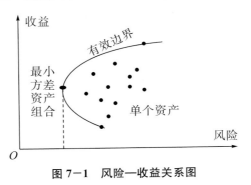

图 7−1　风险—收益关系图

7.1　安装并导入第三方包

使用开源财经数据接口包 akshare 来获取相关的股票数据。如果没有该数据包，则通过 pip install akshare 的指令进行下载安装。

Python 实现代码如下：

import akshare as ak

import pandas as pd

```
import numpy as np
import statsmodels.api as sm
import scipy.stats as scs
import matplotlib.pyplot as plt
```

7.2 选择股票代码和数据预处理

本案例选择来伊份（603777）、中国平安（601318）、众泰汽车（000980）和京东方 A（000725）四只股票。从 AKshare 包收集四只股票从 2016−01−01 至 2019−11−01 时期内的收盘价，并按照时间顺序导入 DataFrame 对象中。

Python 实现代码如下：

```
# 初始化一个空的 DataFrame
data = pd.DataFrame()
# 获取四个股票或指数的数据
stock_list = ['603777','601318','000980','000725']
for stock in stock_list:
    print(stock)
    # 获取股票数据
    stock_data = ak.stock_zh_a_hist(symbol=stock,
                                    period='daily',
                                    start_date='20160101',
                                    end_date='20191101')
    # 取收盘价并将数据按日期从小到大排序
    stock_data = stock_data['收盘'][::-1]
    # 添加到主数据表中
    data[stock] = stock_data
```

然后，对数据进行清理、查看和可视化，Python 实现代码如下：

```
# 清理空白数据
data = data.dropna()
# 显示前五行的数据
print(data.head())
```

```
#绘制归一化后的价格图
(data / data.iloc[0]*100).plot(figsize=(8,4))
plt.title('股票走势对比')
plt.show()
```

显示前五行数据的结果为：

	603777	601318	000980	000725
746	11.35	59.49	4.36	2.65
745	11.20	60.07	4.29	2.66
744	11.17	60.79	4.29	2.71
743	11.51	59.92	4.33	2.70
742	11.67	58.73	4.33	2.67

数据可视化后的结果见图7－2。

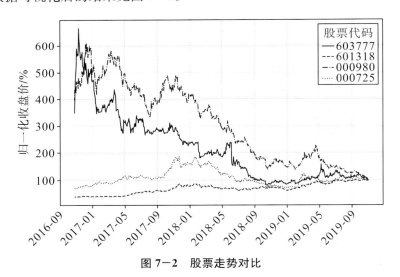

图7－2　股票走势对比

7.3　资产组合的预期收益率、均值和协方差

计算投资组合的协方差是构建资产组合过程中的核心内容。运用 Pandas 内置方法可以生成协方差矩阵。先来看看四只不同证券的均值和协方差。

Python 实现代码如下：

returns=np.log(data/data.shift(1))

♯计算均值，这里乘以一个系数可以让后面可视化的图形更显著、更容易观察

print("均值:\n",returns.mean()*252)

♯计算协方差

print("协方差:\n ",returns.cov())

♯计算相关系数

print("相关系数:\n ",returns.corr())

关于均值、协方差和相关系数，得到的结果如下：

均值：

603777	0.132473
601318	−0.188486
000980	0.151128
000725	0.016178

dtype: float64

协方差：

	603777	601318	000980	000725
603777	0.001324	−0.000034	−0.000006	−0.000022
601318	−0.000034	0.000271	−0.000019	0.000158
000980	−0.000006	−0.000019	0.000940	0.000003
000725	−0.000022	0.000158	0.000003	0.000527

相关系数：

	603777	601318	000980	000725
603777	1.000000	−0.057554	−0.005729	−0.026952
601318	−0.057554	1.000000	−0.037018	0.417547
000980	−0.005729	−0.037018	1.000000	0.004004
000725	−0.026952	0.417547	0.004004	1.000000

从结果可知，各证券之间的相关系数其实有一些偏大，如果要做出更精准的投资组合，建议使用相关系数小的各个证券，此处仅为参考。然后，给不同资产随机分配初始权重。假设不允许建立空头头寸，所有的权重系数要在 0～1 之间。

Python 实现代码如下：

noa＝4

weights＝np. random. random(noa)

weights/＝np. sum(weights)

print(weights)

结果为 array（[0.24034142，0.2274179 ，0.2840282 ，0.24821248]），权重是随机分配的，所以每一次操作结果都不一样。

接下来计算预期组合的收益率、组合方差和组合标准差。Python实现代码如下：

```
print("组合收益:\n", np. sum(returns. mean()*weights))
print("组合方差:\n", np. dot(weights. T, np. dot(returns. cov(), weights)))
print("组合标准差:\n", np. sqrt(np. dot(weights. T, np. dot(returns. cov(),
weights))))
```

得到的结果为：

组合收益：
－9.283795600555096e－05
组合方差：
0.00017714768205879047
组合标准差：
0.013309683770052183

7.4 用蒙特卡洛模拟大量随机组合

给定了一个投资组合，如何找到风险和收益平衡的位置？下面将通过一次蒙特卡洛模拟产生大量随机的权重，并记录随机组合的预期收益和方差。

Python实现代码如下：

```
＃初始化组合收益和波动率的列表
port_returns＝[]
port_variance＝[]
＃使用循环来模拟随机权重的组合
for_in range(4000):
```

```
#随机生成权重
weights=np.random.random(noa)
#归一化权重
weights /=np.sum(weights)
#计算组合的年化收益
port_returns.append(np.sum(returns.mean()*252*weights))
#计算组合的年化波动率
port_variance.append(np.sqrt(np.dot(weights.T,np.dot(returns.cov()*252,weights))))
```

假设无风险利率为 1.5%，从而可以画出大量随机组合下预期收益和方差的有效前沿图。Python 实现代码如下：

```
#将列表转化为 numpy 数组
port_returns=np.array(port_returns)
port_variance=np.array(port_variance)
#无风险收益率
risk_free=0.015
#绘制有效前沿图
plt.figure(figsize=(10,5))
#设置图表大小
plt.scatter(port_variance,port_returns,c=(port_returns − risk_free) / port_variance,marker='o')
#添加网格线
plt.grid(True)
#x 轴标签
plt.xlabel('预期波动率')
#y 轴标签
plt.ylabel('预期收益率')
#添加颜色条
plt.colorbar(label='夏普比率')
#显示图形
plt.show()
```

运行结果见图 7-3。

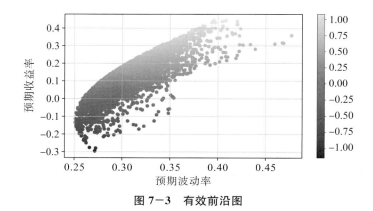

图 7-3　有效前沿图

7.5　投资组合优化和有效前沿

7.5.1　投资组合优化夏普比率最大

在众多可选择的投资组合中，应该尽可能地进行优化和筛选。最优化投资组合其实就是一个约束最优化的问题。夏普比率是一个可以同时对收益与风险加以综合考虑的三大经典指标之一，在进行选择投资组合时，作为理性投资人，应该"在固定所能承受的风险下，追求最大的报酬；或在固定的预期报酬下，追求最低的风险"，即选择夏普比率最大的投资组合。

建立 Statistics 函数来记录投资组合的收益率、方差和夏普比率。Python 实现代码如下：

```
importscipy. optimize as sco
def statistics(weights):
"""
根据给定的权重计算投资组合的预期收益率、方差和夏普比率
"""
    #计算投资组合的预期年化收益率
    port_returns=np. sum(returns. mean()*weights)*252
    #计算投资组合的年化方差
    port_variance=np. sqrt(np. dot(weights. T, np. dot(returns. cov()*
252, weights)))
```

```
        return np.array([port_returns, port_variance, port_returns / port_variance])
    def min_sharpe(weights):
    """计算夏普比率的负值(用于最小化)"""
        return -statistics(weights)[2]
# 定义优化的约束条件(所有权重之和为1)
cons=({'type': 'eq','fun': lambda x: np.sum(x) - 1})
# 定义权重的边界(0到1之间)
bnds=tuple((0, 1) for_in range(noa))
# 优化夏普比率,初始权重为均匀分布
initial_weights=[1./noa for_in range(noa)]
opts=sco.minimize(min_sharpe,
                  initial_weights,
                  method='SLSQP',
                  bounds=bnds,
                  constraints=cons)
# 打印结果
print("优化结果:\n",opts)
print("最优组合权重向量:\n",opts['x'].round(3))
print("最优组合的统计数据(收益率,方差,夏普比率):\n",statistics(opts['x']).round(3))
```

运行优化结果如下:

message: Optimization terminated successfully

success: True

status: 0

fun: -0.39030611064342935

x: [3.415e-01 4.353e-17 5.434e-01 1.151e-01]

nit: 6

jac: [7.981e-04 5.664e-01 -5.725e-04 3.246e-04]

nfev: 31

njev: 6

最优组合权重向量:

67

$[0.341 \quad 0. \quad 0.543 \quad 0.115]$

最优组合的统计数据(收益率,方差,夏普比率):

$[0.129 \quad 0.331 \quad 0.39]$

7.5.2 投资组合优化方差最小

下面将通过方差最小来选出最优投资组合。

Python 实现代码如下:

```
# 定义方差最小化函数
def min_variance(weights):
    return statistics(weights)[1]
# 使用优化算法计算最小方差的组合
optimal_weights = sco.minimize(min_variance, noa * [1./noa], method=
'SLSQP', bounds=bnds, constraints=cons)
# 输出最优权重
print("最优权重:", optimal_weights['x'].round(3))
# 输出最优组合的预期收益率、波动率和夏普指数
print("统计数据(预期收益率、波动率、夏普指数):", statistics(optimal_
weights['x']).round(3))
```

得到结果如下:

```
优化结果:
    message: Optimization terminated successfully
    success: True
    status: 0
    fun: 0.20065968004179327
    x: [1.380e-01  5.321e-01  1.811e-01  1.488e-01]
    nit: 6
    jac: [2.007e-01  2.007e-01  2.006e-01  2.006e-01]
    nfev: 30
    njev: 6
    最优权重: [0.138  0.532  0.181  0.149]
    统计数据(预期收益率、波动率、夏普指数): [-0.052  0.201  -0.26]
```

7.5.3 投资组合的有效前沿

有效边界由既定的目标收益率下方差最小的投资组合构成。在最优化时采用两个约束：①给定目标收益率；②投资组合权重和为1。

Python 实现代码如下：

```
#最小方差目标函数
def min_variance(weights):
        return statistics(weights)[1]
#设定目标收益率范围
target_returns=np.linspace(0.0,0.5,50)
target_variance=[]
#循环遍历每一个目标收益率
for tar in target_returns:
    cons=(
        {'type': 'eq','fun': lambda x: statistics(x)[0] - tar},
        {'type': 'eq','fun': lambda x: np.sum(x) - 1}
    )
    res=sco.minimize(min_variance,
noa*[1./noa],
                            method='SLSQP',
                            bounds=bnds,
                            constraints=cons)
    target_variance.append(res['fun'])
target_variance=np.array(target_variance)
#绘图
plt.figure(figsize=(12,6))
plt.scatter(port_variance,
            port_returns,
            c=port_returns/port_variance,
            marker='o',
            label="模拟组合")
plt.scatter(target_variance,
            target_returns,
```

```
                    c=target_returns/target_variance,
               marker='x',
               label="有效边界")
plt.plot(statistics(opts['x'])[1],
         statistics(opts['x'])[0],
         'r*',
         markersize=15.0,
         label="最高夏普组合")
plt.plot(statistics(optv['x'])[1],
         statistics(optv['x'])[0],
         'y*',
         markersize=15.0,
         label="最小方差组合")

plt.grid(True)
plt.xlabel('预期波动率')
plt.ylabel('预期收益率')
plt.colorbar(label='夏普比率')
plt.legend()
plt.show()
```

最终得到有效前沿图见图7-4。注意：使用更多的相关性不大的证券作为投资组合，拟合效果会更好。

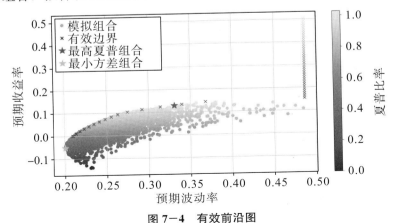

图7-4 有效前沿图

70

8 高级可视化工具 Seaborn 基础及应用

8.1 安装 Seaborn 包和数据读取

（1）安装 Seaborn 模块。

pip install seaborn

导入 Seaborn 模块，处理数据经常会用到 Pandas、Numpy，在此也一并导入。

import numpy as np

import pandas as pd

import seaborn as sns

（2）导入要处理的数据，并查看数据结构。本数据来源于 Kaggle 网站，是某公司的人力资源数据，调用数据时注意数据保存地址与格式。

Python 实现代码如下：

```
#导入数据
df=pd.read_excel(r'./HR.xlsx')
#打印前五行
print(df.head())
```

输出结果：

	satisfaction_level	last_evaluation	⋯	sales	salary
0	0.38	0.53	⋯	sales	low
1	0.80	0.86	⋯	sales	medium
2	0.11	0.88	⋯	sales	medium

| 3 | 0.72 | 0.87 | ··· | sales | low |
| 4 | 0.37 | 0.52 | ··· | sales | low |

[5 rows x 10 columns]

8.2 数据变量相关性可视化

Python 实现代码如下：

♯做 satisfaction_level 和 number_project 的散点图
sns. relplot(x='number_project',
          y='satisfaction_level',
          data=df)
♯展示图片
plt. show()

satisfaction_level 和 number_project 的散点图见图 8-1。

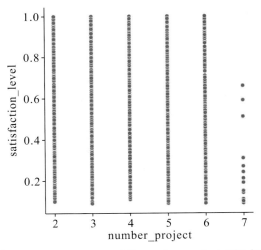

图 8-1　satisfaction_level 和 number_project 的散点图

Python 实现代码如下：

♯在绘制散点图时,可以根据第三个变量为点着色,将另一个维度添加到图中,在此加上 salary 这个类别

```
sns. relplot(x='number_project',
                 y='satisfaction_level',
                 hue='salary',
data=df)
```

＃展示图片

```
plt. show()
```

加上 salary 的散点图见图 8-2。

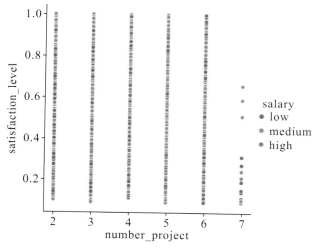

图 8-2　加上 **salary** 的散点图

Python 实现代码如下：

＃通过独立更改每个点的色相和样式，还可以表示四个变量，在此再加上是否离职的结果

```
sns. relplot(x='number_project',
                 y='satisfaction_level',
                 hue='salary',
                 style='left',
                 data=df)
```

＃展示图片

```
plt. show()
```

加上 left 的散点图见图 8-3。

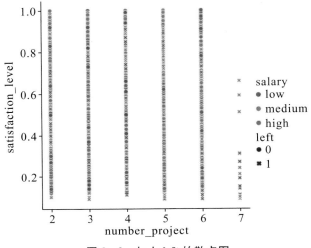

图 8-3　加上 left 的散点图

对于 x 变量的相同值，更复杂的数据集将具有多个度量。Seaborn 的默认行为是 x 通过绘制均值和均值周围的 95% 置信区间来汇总每个值的多次测量，可以通过 ci 选项来控制。如果选择 None，就不进行置信区间的估计；如果选择 sd 就进行标准差的估计。

Python 实现代码如下：

```
sns. relplot(x='number_project',
            y='satisfaction_level',
            kind='line',
data=df)
plt. show()
```

默认绘图结果见图 8-4。

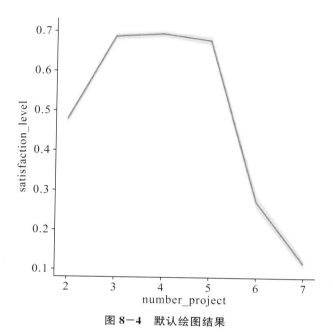

图 8—4　默认绘图结果

Python 实现代码如下：

```
#不显示区间
sns. relplot(x='number_project',
            y='satisfaction_level',
            kind='line',
            ci=None,
            data=df))
#展示图片
plt. show()
```

输出结果见图 8—5。

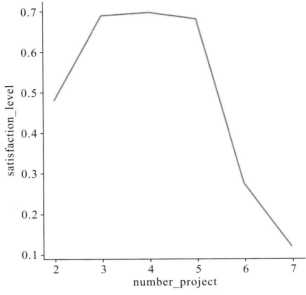

图8-5   不显示区间绘图结果

Python 实现代码如下：

＃如果关闭聚合, 就会出现奇怪的现象
sns. relplot(x='number_project',

y='satisfaction_level',

kind='line',

estimator=None,

data=df))

＃展示图片
plt. show( )

输出结果见图 8-6。

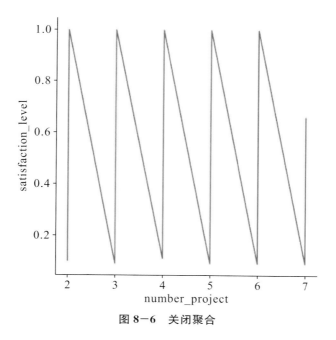

图 8-6 关闭聚合

8.3 变量分类与类别可视化

变量分类与类别可视化适用于主要数据中有"类别"为离散分组变量的应用，在此以工资水平（salary）和平均工作时长（average_montly_hours）为例。

8.3.1 分类散点图

Python 实现代码如下：

```
sns.catplot(x='salary',
            y='average_montly_hours',
            hue='left',
            data=df)
```

#使用防止重叠的算法沿分类轴调整点，它仅适用于相对较小的数据集，可以更好地表示观测值的分布

```
sns.catplot(x='salary',
            y='average_montly_hours',
```

```
                kind="swarm",
                hue='left',
                data=df)
```

分类散点图见图 8−7。

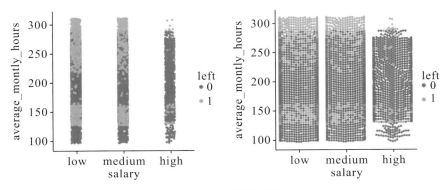

图 8−7　分类散点图

8.3.2　类别内的观测分布图

随着数据集规模的增长，分类散点图在它们可以提供的有关每个类别中值分布的信息方面受到限制。发生这种情况时，有几种方法可以方便地在类别级别之间进行比较，从而汇总分发信息。

Python 实现代码如下：

```
＃箱线图
sns.catplot(x='salary',
            y='average_montly_hours',
            kind="box",
            hue='left',
            data=df)
＃改进的箱线图
sns.catplot(x='salary',
            y='average_montly_hours',
            kind="boxen",
            hue='left',
            data=df)
```

小提琴图.它结合了箱线图和分布教程中描述的内核密度估计过程
sns.catplot(x='salary',

      y='average_montly_hours',

      hue='left', kind='violin',

      split=True,

      data=df)

箱线图和小提琴图见图 8-8。

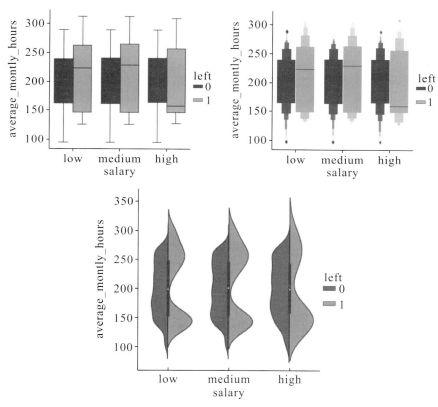

图 8-8　箱线图和小提琴图

8.3.3　类别内的统计估计图

显示这些值的集中趋势的估计值或者数量。

Python 实现代码如下：

sns.catplot(x='salary',

```
                y='average_montly_hours',
                hue='left',
                kind="bar",
                data=df)
sns.catplot(x='salary',
                kind='count',
                palette='ch:.25',
                data=df)
```

类别内的统计估计见图8−9。

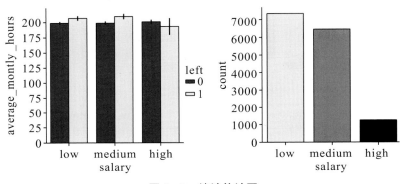

图8−9　统计估计图

8.4　数据分布特征可视化

8.4.1　样本分布图

样本分布图默认是绘制直方图和核密度函数，关于核密度函数的讲解请参考该博主的文章：https://blog.csdn.net/unixtch/article/details/78556499。Python实现代码如下：

```
#单变量分布图.随机产生100个标准正态分布的数据,并绘制分布图
x=np.random.normal(size=100)
sns.distplot(x)
```

样本分布图见图8−10。

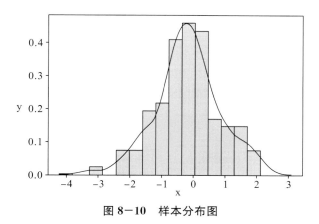

图 8-10　样本分布图

8.4.2　二元变量分布图

Python 实现代码如下：

```
#散点图
mean,cov=[0,1],[(1,.5),(.5,1)]
data=np.random.multivariate_normal(mean,cov,200)
df1=pd.DataFrame(data,columns=['x','y'])
sns.jointplot(x='x',y='y',data=df1)
```

散点图见图 8-11。

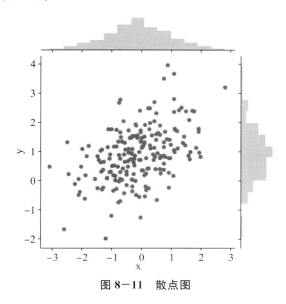

图 8-11　散点图

Python 实现代码如下：

#六边形图

x, y＝np. random. multivariate_normal(mean, cov, 1000). T

withsns. axes_style('white'):

sns. jointplot(x='x', y='y', kind='hex', color='k')

六边形图见图 8－12。

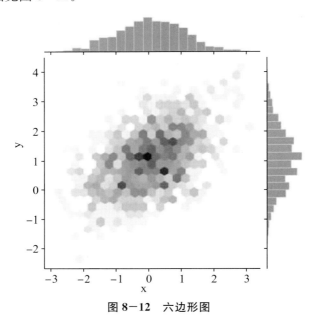

图 8－12　六边形图

Python 实现代码如下：

#核密度估计

sns. jointplot(x='x',

y='y',

data＝df1,

kind='kde')

核密度估计见图 8－13。

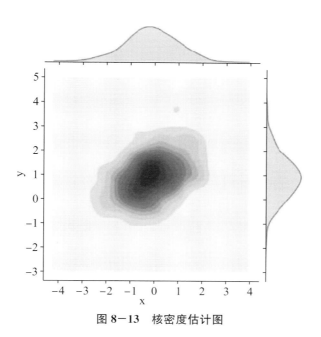

图 8-13　核密度估计图

8.4.3　可视化数据集中的成对关系

要在数据集中绘制成对的双变量分布，可以使用 pairplot( )函数。这将创建轴矩阵，并显示 DataFrame 中每对列的关系。默认情况下，它还会在对角轴上绘制每个变量的单变量分布。

Python 实现代码如下：

sns. pairplot(df)

双变量分布见图 8-14。

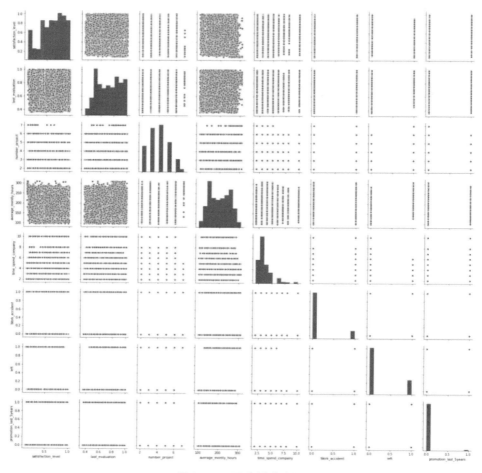

图8-14 双变量分布图

8.5 变量回归分析及可视化

8.5.1 线性回归分析

regplot()接受各种格式的 x 和 y 变量，包括简单的 Numpy 数组、Pandas、Series 对象，或作为 DataFrame 传递给 Pandas 对象中的变量的引用 data。lmplot()中 data 作为必需参数，x、y 变量必须指定为字符串。这种数据格式称为"长格式"或"整洁"数据。

Python 实现代码如下：

```
sns.lmplot(x='number_project',
y='satisfaction_level',
data=df)
sns.lmplot(x='number_project',
y='satisfaction_level',
data=df,
x_estimator=np.mean)
```

线性回归可视化图见图 8-15。

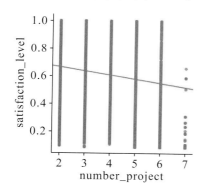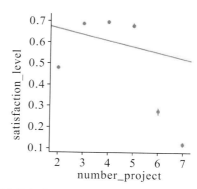

图 8-15 线性回归可视化图

8.5.2 非线性回归可视化

Python 实现代码如下：

```
sns.lmplot(x='number_project',
y='satisfaction_level',
data=df,
x_estimator=np.mean,
order=2,
ci=None,
scatter_kws={"s": 80})
```

非线性回归可视化图见图 8-16。

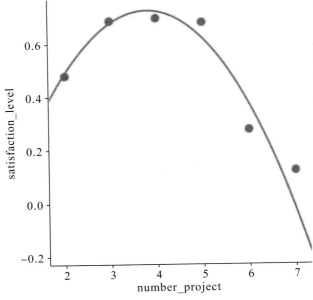

图 8-16　非线性回归可视化图

9 机器学习框架 TensorFlow

本章介绍机器学习框架 TensorFlow 的安装和基本使用，并以一元线性回归为例介绍如何使用 TensorFlow 进行简单的机器学习。

9.1 TensorFlow 包的简介

TensorFlow 是一个采用计算图（Computational graph）的形式表述数值计算的编程系统，本身是一个开源包。TensorFlow 计算图中每一个节点表示一次数学计算，每一条边表示计算之间的依赖关系。

它最初由 Google 大脑小组（隶属于 Google 机器智能研究机构）的研究员和工程师们开发出来，用于机器学习和深度神经网络方面的研究，但这个系统的通用性使其也可广泛用于其他计算领域。

张量（Tensor）是计算图的基本数据结构，可以理解为多维数据。流（Flow）表达了张量之间通过计算互相转化的过程。

主流的机器学习框架有很多，除了 TensorFlow 外，还有 Caffe、CNTK 等，而 TensorFlow 则是主流中的主流。

GitHub 深度学习框架贡献者的比较见图 9-1。

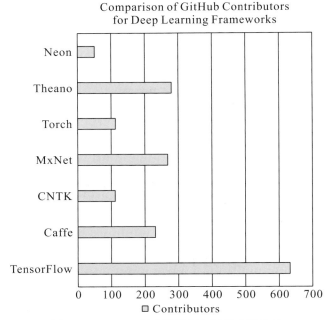

图 9-1　**GitHub** 深度学习框架贡献者的比较

9.2　安装 TensorFlow 包

推荐使用 GPU 运行 TensorFlow，因为 GPU 比 CPU 更适合张量的运算，效率成倍提升。但是并不是每台设备都配备 GPU，笔记本中有一些游戏本配备有 GPU，因此使用游戏本的用户可以尝试安装 GPU 版本的 TensorFlow。

没有 GPU 的设备可以使用 CPU 版本。对于初学者来说，面对不大的数据量，CPU 版本已经足够了，更重要的是熟悉 TensorFlow 的原理。

TensorFlow 支持多种语言，推荐使用 Python 作为 API，因为它代码简洁，容易上手，最重要的是能混合其他 DLL 包一块使用。

接下来介绍 CPU 版本的安装：

第一步：安装 Anaconda 以及 TensorFlow。

（1）官网下载安装包。

（2）检查安装是否安装成功。

代码：

conda-version

（3）检查目前的安装环境。

代码：

conda info－－envs

（4）检查目前有哪些版本的 Python 可以安装。

代码：

conda search－－full－name python

（5）选择一个 Python 版本安装（这里选择 Python3.7.4 版本）。

代码：

conda create－－name tensorflow python＝3.7.4

完成：

```
To activate this environment, use

    $ conda activate tensorflow

To deactivate an active environment, use

    $ conda deactivate
```

第二步：测试 TensorFlow 是否安装成功。

（1）通过开始菜单栏进入 Anaconda Prompt。

（2）依次输入命令。

代码：

activate tensorflow

python

import tensorflow as tf

如果没有报以下错误：

Module Not Found Error: No module named 'tensorflow'

则成功。

9.3　TensorFlow 包的基本使用

使用张量表示数据，通过变量（Variable）输入训练数据，使用计算图来表示计算任务，在会话（Session）的上下文（Context）中执行计算图。

张量是一个多维数组，是 TensorFlow 核心的基本数据单元。

Rank（张量的秩）就是张量的维数。直观上看就是有几层括号。

示例 1：零阶张量即纯量

代码：

s=256

一阶张量（可看作向量，用 t［i］来访问其元素）

v=［1,1,2.2,3.3］

二阶张量（可看作矩阵，用 t［i，j］来访问其元素）

m=［［1,2,3］,

［4,5,6］,

［7,8,9］］

Shape（张量的形状）描述的是张量的形状。逐步去掉中括号，看有多少个"元素"。

示例 2：

［［1,2,3,［4,5,6］］

和

［［1,2,3］,

［4,5,6］］

的 shape 是一样的，shape=［2,3］

示例 3：［1,2,3］是 1 维的，但它作为 shape 时，代表要传入的数据必须是个三维的。

示例 4：［［［1.,2.,3.］］,［［7.,8.,9.］］］

shape=（2,1,3）

计算图用"节点"（Nodes）和"线"（Edges）的有向图来描述数学计算的图像，见图 9-2。"节点"一般用来表示施加的数学操作，但也可以表示数据输入的起点/输出的终点，或者是读取/写入持久变量（Persistent variable）

的终点。"线"表示"节点"之间的输入/输出关系。这些数据"线"可以运输"size 可动态调整"的多维数据数组，即"张量"。

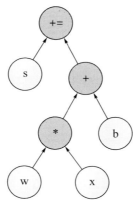

图 9-2　计算图

会话囊括 TensorFlow 运行时候的状态，运行控制。构建的计算图必须在 TensorFlow 的 Session 中才能运行。

编程示例：

```
import tensorflow as tf
node1=tf.constant(3.0,dtype=tf.float32)
node2=tf.constant(4.0)
node3=tf.add(node1,node2)
#运行计算图之前创建 session
sess=tf.session()
print("node3:",node3)
#调用 sess 的'run()'方法来执行矩阵 op
print("sess.run(node3):",sess.run(node3))
```

运行结果：

```
node3: Tensor("Add:0",shape=(),dtype=float32)
sess.run(node3)：7.0
```

placeholders 在计算图中能够接受额外输入。通常情况下，placeholders 允许用户定义计算图的结构，而不必立即提供所有输入数据。

Variables 是在模型训练中允许修改的量。相同的输入，通过修改变量得到不同输出值。在线性模型中用来描述权重和偏移量。

编程示例：

```
# 确保使用 TensorFlow 2.x
if not tf._version_.startswith('2'):
    raiseValueError('This code requires TensorFlow V2.x')
# 定义权重和偏置
W=tf.Variable([0.3],dtype=tf.float32)
b=tf.Variable([-0.3],dtype=tf.float32)
# 输入数据
x_values=[1,2,3,4]
# 线性模型
linear_model=W*x_values+b
# 输出模型结果
print(linear_model.numpy())
```

运行结果：

```
[0.    0.3   0.6   0.90000004]
```

9.4 TensorFlow 的线性回归案例

（1）回归方程。$\hat{y}=wx+b$。

（2）梯度下降算法。利用计算机求极值，可以用梯度下降算法进行多次迭代，逼近极值点，求出 w 和 b。

（3）目标给出 100 个散点样本，求出回归方程。

代码实现：

```
import tensorflow as tf
import numpy as np
# 设置随机种子以确保每次结果的可复现性
tf.random.set_seed(42)
np.random.seed(42)
# 生成散点图的模拟数据,理论上 w=2,b=10
train_X=np.linspace(-1,1,100)
```

```
train_y=2*train_X+np.random.randn(*train_X.shape)*0.33+10
#定义模型
class LinearModel(tf.keras.Model):
    def_init_(self):
        super(LinearModel,self)._init_()
        self.w=tf.Variable(0.0,name="weight")
        self.b=tf.Variable(0.0,name="bias")
    def call(self,inputs):
        return inputs*self.w+self.b
model=LinearModel()
optimizer=tf.keras.optimizers.SGD(learning_rate=0.01)
#进行 20 次迭代
for epoch in range(20):
    for (x,y) in zip(train_X,train_y):
        with tf.GradientTape() as tape:
            y_pred=model(x[None])
            loss=tf.reduce_mean(tf.square(y_pred - y))
        grads=tape.gradient(loss,model.trainable_variables)
        optimizer.apply_gradients(zip(grads,model.trainable_variables))
    print("Epoch: {},w: {:.2f},b: {:.2f}".format(epoch+1,model.w.numpy(),model.b.numpy()))
```

运行结果：

Epoch: 1,w: −0.83,b: 9.67
Epoch: 2,w: 0.34,b: 10.43
Epoch: 3,w: 1.14,b: 10.28
Epoch: 4,w: 1.57,b: 10.13
Epoch: 5,w: 1.80,b: 10.05
Epoch: 6,w: 1.91,b: 10.01
Epoch: 7,w: 1.97,b: 9.98
Epoch: 8,w: 2.00,b: 9.97
Epoch: 9,w: 2.01,b: 9.97

Epoch: 10, w: 2.02, b: 9.96

Epoch: 11, w: 2.02, b: 9.96

Epoch: 12, w: 2.03, b: 9.96

Epoch: 13, w: 2.03, b: 9.96

Epoch: 14, w: 2.03, b: 9.96

Epoch: 15, w: 2.03, b: 9.96

Epoch: 16, w: 2.03, b: 9.96

Epoch: 17, w: 2.03, b: 9.96

Epoch: 18, w: 2.03, b: 9.96

Epoch: 19, w: 2.03, b: 9.96

Epoch: 20, w: 2.03, b: 9.96

10　Tensorboard 包与机器学习可视化

10.1　TensorBoard 包的简介

第 9 章介绍了机器学习框架 TensorFlow，在实际操作中怎样加强对机器学习的监督呢，本章介绍机器学习可视化工具 TensorBoard。TensorBoard 是一个可视化工具，能够有效地展示 TensorFlow 在运行过程中的图、参数、各种指标随着时间的变化趋势以及训练中使用到的数据信息。

使用 TensorBoard 的目的是可视化 TensorFlow 训练神经网络等复杂操作的整个过程，可以更好地理解神经网络的整个过程，调试并优化程序。

可视化类型包括：

（1）训练指标监视，如 loss、精确度。

（2）图可视化，如训练过程中卷积核和特征图。

（3）模型可视化，显示网络结构。

（4）参数分布可视化，如卷积核和偏置参数。

10.2　TensorBoard 的安装和使用

10.2.1　安装

在 Anaconda 中安装 TensorFlow，激活它之后使用 TensorBoard 即可。

激活 Tensorflow，输入：

activate TensorFlow

安装 CPU 版本 tensorflow，输入：

pip install－－upgrade－－ignore－installed tensorflow

10.2.2　使用

在该步骤之前，必须确定运行了代码生成了 tf. event（类似如图 10－1 所示的文件）。

图 10－1　tf. event 文件

输入如下命令：

tensorboard－－logdir＝（此处放置你的 event 所在路径）

最后把显示的链接（笔者的链接是 http：//DELL－PC：6006）输入谷歌浏览器中然后出现橙色 TensorBoard 界面（见图 10－2），就可视化成功了。

图 10－2　TensorBoard 界面

10.3　添加可视化目标及应用

TensorFlow 日志生成函数与 TensorBoard 界面栏对应关系见表 10－1。

表 10-1　日志 TensorFlow 生成函数与 TebsorBoard 界面栏的关系

TensorFlow 日志生成函数	TensorBoard 界面栏	展示内容
tf. summary. scalar	EVENTS	TensorFlow 中标量（scalar）监控数据随着迭代的变化趋势
tf. summary. image	IMAGES	TensorFlow 中使用的图片数据。这一栏一般用于可视化当前使用的训练/测试图片
tf. summary. audio	AUDIO	TensorFlow 中使用的音频数据
tf. summary. text	TEXT	TensorFlow 中使用的文本数据
tf. summary. histogram	HISTOGRAMS, DISTRIBUTIONS	TensorFlow 中张量分布监控数据随着迭代轮数的变化趋势

在定义网络模型时，需要可视化的目标变量可以通过 tf. summary 添加。

10. 3. 1　tf. summary. scalar

显示标量信息，主要用于记录诸如准确率、损失和学习率等单个值的变化趋势，代码示例：

tf. summary. scalar('loss', loss)

tf. summary. scalar('accuracy', accuracy)

10. 3. 2　tf. summary. histogramr

显示参数分布直方图，如卷积核参数，代码示例：

tf. summary. histogram('conv1', w_conv1)

10. 3. 3　tf. summary. image

接收一个 tensor，显示图像信息，如特征图和卷积核，默认显示最新的图像信息，代码示例：

tf. summary. image('feature', feature_map)

tf. summary. image('w_conv1', w_conv1_visual_0)

tf. summary. image('x_input', x_input, 6)

10.3.4　tf.summary.FileWriter

生成日志，指定一个目录来告诉程序把文件放到哪里。运行时使用 add_summary()来将某一步的 summary 数据记录到文件中，代码示例：

```
tf.summary.FileWriter('logs/', sess.graph, flush_secs=10)
```

10.3.5　tf.summary.merge_all

整理日志的操作，sess.run 一次就不用对上述分别 run，代码示例：

```
sess.run(tf.global_variables_initializer())
merged=tf.summary.merge_all()


def inf(self, x):
    x_input=tf.reshape(x, [-1, 28, 28, 1])
    # 可视化输入图像
    tf.summary.image('x_input', x_input, 6)
    with tf.name_scope('1st_layer'):
        w_conv1=tf.get_variable('w_conv1', [3, 3, 1, 20])
    # 可视化卷积核
    w_conv1_visual_0=tf.reshape(w_conv1[:, :, :, 0], [1, 3, 3, 1])
    w_conv1_visual_1=tf.reshape(w_conv1[:, :, :, 1], [1, 3, 3, 1])
    w_conv1_visual_2=tf.reshape(w_conv1[:, :, :, 2], [1, 3, 3, 1])
    tf.summary.image('w_conv1', w_conv1_visual_0)
    tf.summary.image('w_conv1', w_conv1_visual_1)
    tf.summary.image('w_conv1', w_conv1_visual_2)
    # 可视化参数分布
    tf.summary.histogram('w_conv1', w_conv1)
    b_conv1=tf.get_variable('b_conv1', [20])
    tf.summary.histogram('b_conv1', b_conv1)
    h_conv1=tf.nn.relu(self.conv2d(x_input, w_conv1)+b_conv1)
    h_pool1=self.max_pool_2x2(h_conv1)
    # 可视化特征图
    tf.summary.image('h_pool1', h_pool1[:, :, :, :1], 6)
```

定义网络过程中可以通过 tf. name_scope() 来划分网络模块，使得可视化结果可以分块展示，效果较为清晰，代码示例：

```
with tf. name_scope('2nd_layer'):
    w_conv2=tf. get_variable('w_conv2', [3,3,20,40])
    b_conv2=tf. get_variable('b_conv2', [40])
    h_conv2=tf. nn. relu(self. conv2d(h_pool1, w_conv2)+b_conv2)
    h_pool2=self. max_pool_2x2 (h_conv2)
    #####tensorboard#####
    #可视化特征图
    tf. summary. image('h_pool2', h_pool2[:,:,:,:1], 6)
with tf. name_scope('fc_layers'):
    w_fc1=tf. get_variable('w_fc1', [7*7*40, 1024])
    b_fc1=tf. get_variable('b_fc1', [1024])
    h_pool2_flat=tf. reshape(h_pool2, [-1, 7*7*40])
    h_fc1=tf. nn. relu(tf. matmul(h_pool2_flat, w_fc1)+b_fc1)
```

10.4　记录训练过程

将所有需要可视化的参数确定之后，需要在 sess. run(tf. global_variables _initializer()) 之后添加：

```
merged=tf. summary. merge_all()
writer=tf. summary. FileWriter('logs', sess. graph)
```

这部分将所有需要记录的参数整合，并确定记录输出路径 logs/，随后在训练部分，在 sess. run() 中添加：

```
result=sess. run(merged)
writer. add_summary(result, i)
```

即可将训练过程实时记录到输出路径。

10.5 输出可视化结果

训练完成以后，在 log 文件夹下会输出一个日志文件，在控制台输入：

tensorboard ――logdir logs/

其中 logs/ 为上面输出的日志文件所在的路径，运行完成以后会返回一个地址，此时复制并在浏览器中打开该地址即可查看 TensorBoard 的可视化结果。

训练过程中的模型精度过程变化情况见图 10-4。

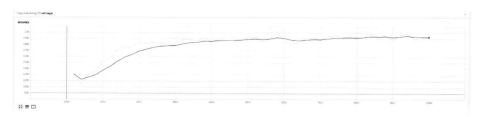

图 10-4 模型精度过程变化图

输入层可视化见图 10-5。

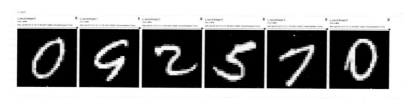

图 10-5 输入层可视化

第一层特征图和卷积核见图 10-6。

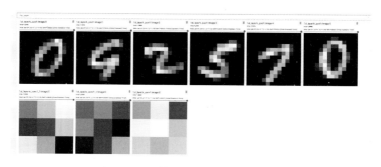

图 10-6 第一层特征图和卷积核

第二层特征图见图 10-7。

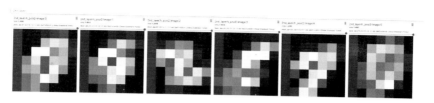

图 10-7　第二层特征图

网络模型见图 10-8。

图 10-8　网络模型

参数分布见图 10-9。

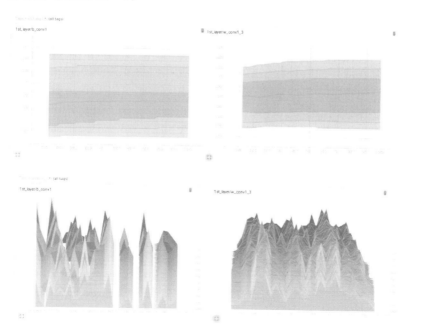

图 10-9　参数分布

11 绘制双纵坐标轴图

11.1 双纵坐标轴图简介

双纵坐标轴图是一种用于展示两种不同变量之间关系的图。它具有两个垂直坐标轴，分别对应于两种不同的数据集。双纵坐标轴图在实际应用中具有多种用途，例如：

（1）比较趋势。通过将两种不同变量的趋势放在同一图中，可以更直观地比较它们的变化情况，找出可能存在的相关性或趋势。

（2）呈现相关性。如果有理由相信两种变量之间存在某种相关性，双纵坐标轴图可以帮助观察者更清楚地看到它们之间的关联。

（3）避免混淆。当两种数据的数量级或变化范围差异较大时，使用双纵坐标轴图可以避免数据重叠或混淆，使得观察者更容易理解和比较数据。

总之，双纵坐标轴图是一种强大的数据可视化方法，可以帮助人们更好地理解和分析两种不同变量之间的关系。

11.2 CPI 和 PPI 双纵坐标轴图应用案例

下面的代码展示了如何使用 Matplotlib 和 Pandas 包绘制中国 2022 年 1 月至 2023 年 3 月的 CPI 和 PPI 数据的双纵标轴图。通过可视化这些经济指标的变化趋势，可为我们提供对经济状况的视觉洞察力，从而为经济决策和预测提供有价值的参考。

```
# 导入 matplotlib 库和 pandas 库
import matplotlib.pyplot as plt
```

```
import pandas as pd
#解决中文和符号显示问题
plt.rcParams['font.sans-serif']=['KaiTi']    #使用楷体
plt.rcParams['axes.unicode_minus']=False     #解决负号'-'显示为方块
的问题
#读取数据
data=pd.read_csv('PPI&CPI.csv')
data['date']=pd.to_datetime(data['date'])
#提取 CPI 和 PPI 数据列
cpi=data['CPI']
ppi=data['PPI']
#定义月份
months=data['date']
#设置图像大小
fig, ax1=plt.subplots(figsize=(10, 6))
#绘制 CPI 曲线
color='tab:red'
ax1.set_xlabel('月份', fontsize=16)
ax1.set_ylabel('CPI', color=color, fontsize=16)
ax1.plot(months, cpi, label="CPI", color=color, linestyle="-",
marker="o", linewidth=3)
ax1.tick_params(axis='y', labelcolor=color)
#创建一个共享 x 轴但独立 y 轴的新轴
ax2=ax1.twinx()
color='tab:blue'
ax2.set_ylabel('PPI', color=color, fontsize=16)     #已经处理了 x 轴
标签
ax2.plot(months, ppi, label="PPI", color=color, linestyle="--",
marker="o", linewidth=3)
ax2.tick_params(axis='y', labelcolor=color)
#添加标题
plt.title("中国2022年1月至2023年3月的 CPI 和 PPI 数据的统计图",
fontsize=16)
```

添加图例,放置在左下角

fig.legend(loc='upper right')

显示网格

ax1.grid(True)

显示图像

plt.show()

运行结果见图 11-1。

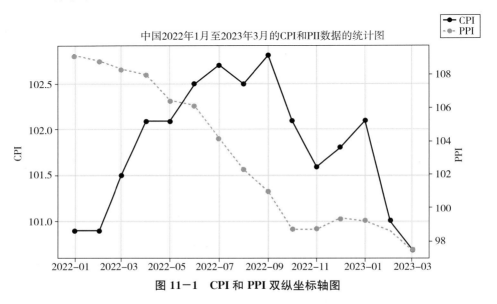

图 11-1 CPI 和 PPI 双纵坐标轴图

12　全球星巴克分布的数据分析

12.1　数据描述和预处理

首先，读取并查看全球星巴克店铺的数据，为后续的数据处理和分析提供基础。

♯全球星巴克的数据，包括城市、国家、店铺等数据，pandas 读取各种文件格式（read_excel、read_sql 等）

```
import numpy as np
import pandas as pd
data=pd.read_excel(r'C:\Users\Romer\Desktop\directory.xls')
♯查看前五行的数据
data.head()
```

输出结果见图 12—1。

	Brand	Store Number	Store Name	Ownership Type	Street Address	City	State/Province	Country	Postcode	Phone Number	Timezone	Longitude	Latitude
0	Starbucks	47370-257954	Meritxell, 96	Licensed	Av. Meritxell, 96	Andorra la Vella	7	AD	AD500	376818720	GMT+1:00 Europe/Andorra	1.53	42.51
1	Starbucks	22331-212325	Ajman Drive Thru	Licensed	1 Street 69, Al Jarf	Ajman	AJ	AE	NaN	NaN	GMT+04:00 Asia/Dubai	55.47	25.42
2	Starbucks	47089-256771	Dana Mall	Licensed	Sheikh Khalifa Bin Zayed St.	Ajman	AJ	AE	NaN	NaN	GMT+04:00 Asia/Dubai	55.47	25.39
3	Starbucks	22126-218024	Twofour 54	Licensed	Al Salam Street	Abu Dhabi	AZ	AE	NaN	NaN	GMT+04:00 Asia/Dubai	54.38	24.48
4	Starbucks	17127-178586	Al Ain Tower	Licensed	Khaldiya Area, Abu Dhabi Island	Abu Dhabi	AZ	AE	NaN	NaN	GMT+04:00 Asia/Dubai	54.54	24.51

图 12—1　星巴克数据前五行

通过调用 data.tail()函数，可以查看全球星巴克店铺数据的最后五行。这对于了解数据集的完整性和观察可能存在的趋势或模式变化很有帮助。

data.tail()

输出结果见图 12-2。

	Brand	Store Number	Store Name	Ownership Type	Street Address	City	State/Province	Country	Postcode	Phone Number	Timezone	Longitude
25595	Starbucks	21401-212072	Rex	Licensed	141 Nguyễn Huệ, Quận 1, Góc đường Pasteur và L...	Thành Phố Hồ Chí Minh	SG	VN	70000	08 3824 4668	GMT+000000 Asia/Saigon	106.70
25596	Starbucks	24010-226985	Panorama	Licensed	SN-44, Tòa Nhà Panorama, 208 Trần Văn Trà, Quận 7	Thành Phố Hồ Chí Minh	SG	VN	70000	08 5413 8292	GMT+000000 Asia/Saigon	106.71
25597	Starbucks	47608-253804	Rosebank Mall	Licensed	Cnr Tyrwhitt and Cradock Avenue, Rosebank	Johannesburg	GT	ZA	2194	27873500159	GMT+000000 Africa/Johannesburg	28.04
25598	Starbucks	47640-253809	Menlyn Maine	Licensed	Shop 61B, Central Square, Cnr Aramist & Coroba...	Menlyn	GT	ZA	181	NaN	GMT+000000 Africa/Johannesburg	28.28
25599	Starbucks	47609-253286	Mall of Africa	Licensed	Shop 2077, Upper Level, Waterfall City	Midrand	GT	ZA	1682	27873500215	GMT+000000 Africa/Johannesburg	28.11

图 12-2　显示星巴克数据后五行

其次，检查数据质量。通常使用 pd. describe()和 pd. info()方法对整个数据进行大致描述。pd. describe()方法用于查看数值型数据的分布特征，包括计数、均值、标准差、最小值、25％分位数、50％分位数（中位数）、75％分位数和最大值。这些统计量可以帮助我们了解数据的集中趋势、离散程度以及异常值情况。pd. info()方法用于查看各个字段的数据类型、非空值数量以及内存占用情况。通过该方法，我们可以了解每个字段的数据类型，检查是否有缺失值，并估计数据集的内存使用情况。这两个方法结合使用，可以提供对整个数据集的概括性描述，帮助快速了解数据的基本特征和质量。

data.describe()　#describe 用于查看数值型数据的分布特征

输出结果见图 12-3。

	Longitude	Latitude
count	25599.000000	25599.000000
mean	-27.872234	34.793016
std	96.844046	13.342332
min	-159.460000	-46.410000
25%	-104.665000	31.240000
50%	-79.350000	36.750000
75%	100.630000	41.570000
max	176.920000	64.850000

图 12-3 数值型数据的分布特征

data.info( )

#info 方法用于查看各字段的数据类型,以及缺失情况,可用于后面的数据处理,观察 Country 和 City

#有缺失数据,所以要对缺失数据进行处理

输出结果:

<class 'pandas.core.frame.DataFrame'>

RangeIndex: 25600 entries, 0 to 25599

Data columns (total 13 columns):

#	Column	Non-Null	Count	Dtype
0	Brand	25600	non-null	object
1	Store Number	25600	non-null	object
2	Store Name	25600	non-null	object
3	Ownership Type	25600	non-null	object
4	Street Address	25598	non-null	object
5	City	25585	non-null	object
6	State/Province	25600	non-null	object
7	Country	25600	non-null	object
8	Postcode	24078	non-null	object
9	Phone Number	18739	non-null	object
10	Timezone	25600	non-null	object

| 11 | Longitude | 25599 | non—null | float64 |
| 12 | Latitude | 25599 | non—null | float64 |

dtypes: float64(2), object(11)

memory usage: 2.5+MB

可以得出，在已存在的数据集中，Brand、Store Number、Store Name、Ownership Type、State/Province、Country、Timezone、Longitude 和 Latitude 列的非空值数量为 25600，而 Street Address、City、Postcode 和 Phone Number 列存在一些缺失值。

最后，数据预处理工作。在数据处理过程中，常见的任务包括缺失值处理、异常值处理、重复值处理、多表处理、数据转换处理和数据可视化分析等。这些数据处理任务是数据分析和挖掘过程中的重要环节，能够帮助我们清洗和准备数据，使其适用于后续的建模、分析和可视化工作。

在这个特定的数据集中，运行 data['Brand'].unique( )将返回"Brand"列中所有不重复的品牌名称。这个方法可以帮助我们确认数据集中存在的不同品牌的数量，并进一步验证数据是否只包含星巴克品牌。

data['Brand'].unique( )

输出结果：

array(['Starbucks', 'Teavana', 'Evolution Fresh', 'Coffee House Holdings'], dtype=object)

据此，可以发现在给定的数据集中，存在四个不同的品牌，它们分别是 Starbucks、Teavana、Evolution Fresh 和 Coffee House Holdings。这些品牌代表了在数据集中列出的不同类型的店铺。通过观察这些品牌值，我们可以得出数据集中包含的不同品牌的数量以及它们的名称。

data=data[data['Brand']=='Starbucks']

对数据集进行筛选，并保留品牌为"Starbucks"的行。这意味着新的数据集 data 仅包含品牌为"Starbucks"的店铺数据。

data['Brand'].unique( )

在经过筛选后的数据集中，只包含一个品牌，即"Starbucks"。这意味着经过筛选后的数据集中的所有店铺都属于星巴克品牌。

12.2　用 isnull 函数查看缺失值

除了用 info 函数查看缺失值，也可以用 isnull 函数看出各字段的缺失值有多少数据。

data.isnull().sum()

输出结果

Brand	0
Store Number	0
Store Name	0
Ownership Type	0
Street Address	2
City	15
State/Province	0
Country	0
Postcode	1522
Phone Number	6856
Timezone	0
Longitude	1
Latitude	1

dtype: int64

每个字段后的数字代表了该字段所在的一列有多少缺失值。这些统计结果可以帮助我们了解每个字段中缺失值的情况，有助于决定如何处理这些缺失值，例如填充或删除缺失值，以确保数据的完整性和准确性。

12.3　查看 city 字段缺失部分

查看 city 字段缺失的数据有哪些，处理缺失城市字段数据 city。

data[data['City'].isnull()]

输出结果见图12-4。

	Brand	Store Number	Store Name	Ownership Type	Street Address	City	State/Province	Country	Postcode	Phone Number	Timezone	Longitude	Latitude
5069	Starbucks	31657-104436	سان سيفكاو	Licensed	طريق الكورنيش أبراج سان سيفكاو	NaN	ALX	EG	NaN	20120800287	GMT+2:00 Africa/Cairo	29.96	31.24
5088	Starbucks	32152-109504	الدايل سيتي	Licensed	كورنيش النيل أبراج الدايل سيتي	NaN	C	EG	NaN	20120800307	GMT+2:00 Africa/Cairo	31.23	30.07
5089	Starbucks	32314-115172	اسكندرية الصحراوي	Licensed	الكيلو 28 طريق الاسكندرية الصحراوي ... سيتي سنتر	NaN	C	EG	NaN	20185022214	GMT+2:00 Africa/Cairo	31.03	30.06
5090	Starbucks	31479-105246	مكرم عبيد	Licensed	شارع مكرم عبيد، سيتي ستارز مول	NaN	C	EG	NaN	20120800332	GMT+2:00 Africa/Cairo	31.34	30.09
5091	Starbucks	31756-107161	سيتي ستارز 1	Licensed	شارع عمر بن الخطاب، سيتي ستارز مول	NaN	C	EG	NaN	20120800350	GMT+2:00 Africa/Cairo	31.33	30.06
5092	Starbucks	1397-139244	سيتي ستارز 3	Licensed	شارع عمر الخطاب، كازوفير المعادي	NaN	C	EG	NaN	20120029885	GMT+2:00 Africa/Cairo	31.33	30.06
5093	Starbucks	32191-116645	معادي سيتي سنتر	Licensed	القطامية الطريق الدائري	NaN	C	EG	NaN	20185002677	GMT+2:00 Africa/Cairo	31.30	29.99
5094	Starbucks	3664-142484	سليمان أباظة	Licensed	شارع 34 سليمان أباظة المهندسين نيولي مول	NaN	C	EG	NaN	129007799	GMT+2:00 Africa/Cairo	31.20	30.06
5095	Starbucks	3562-131562	نيولي	Licensed	المنطقة ميدان الجوهر، شارع أحمد فوزي، صاله السفر 1	NaN	C	EG	NaN	018-0819995	GMT+2:00 Africa/Cairo	31.34	30.08
5096	Starbucks	31646-106547	مطار القاهرة	Licensed	صاله السفر 1- مطار القاهرة، فندق مطار	NaN	C	EG	NaN	20120800335	GMT+2:00 Africa/Cairo	31.41	30.11
5097	Starbucks	31755-107182	سناكي - نعمه بيع	Licensed	فندق سناكي - نعمه بيع، المركاتو مول 1	NaN	JS	EG	NaN	20120800327	GMT+2:00 Africa/Cairo	34.33	27.91
5098	Starbucks	32389-107342	المركاتو مول 2	Licensed	المهضبة - المركاتو 2 بجوار المسرح الروماني ... مول	NaN	JS	EG	NaN	20185022217	GMT+2:00 Africa/Cairo	34.33	27.92
5099	Starbucks	32490-111349	خان لاجونا	Licensed	خليج عبق مول - خان لاجونا	NaN	JS	EG	NaN	20189888547	GMT+2:00 Africa/Cairo	34.43	28.04
9871	Starbucks	26909-228505	Vivacity Megamall	Licensed	NA, Na	NaN	13	MY	NaN	82263673	GMT+08:00 Asia/Kuala_Lumpur	110.36	1.53
10767	Starbucks	31429-102231	أبراج البيت 1	Licensed	شارع أجياد - باب الملك عبد العزيز	NaN	2	SA	NaN	96625719012	GMT+03:00 Asia/Riyadh	39.83	21.42

图12-4 city字段缺失部分

```
#定义函数用于填充缺失值
def fill_na(x):
    return x
```

#使用fillna函数将"City"列中的缺失值填充为相应的"State/Province"列的值

```
data['City']=data['City'].fillna(fill_na(data['State/Province']))
```

#选择国家为'EG'(埃及)的行,查看填充后的结果

```
egypt_data=data[data['Country']=='EG']
```

输出结果见图12-5。

	Brand	Store Number	Store Name	Ownership Type	Street Address	City	State/Province	Country	Postcode	Phone Number	Timezone	Longitude	Latitude
5069	Starbucks	31857-104436	نان ستيفلم	Licensed	طريق الكورنيش ابراج نان ستيفلم	ALX	ALX	EG	NaN	20120800267	GMT+2:00 Africa/Cairo	29.96	31.24
5070	Starbucks	15433-161464	Cityscape	Licensed	6 Of Octobe, El Horya Square, Giza	Cairo	C	EG	NaN	NaN	GMT+2:00 Africa/Cairo	31.35	30.13
5071	Starbucks	25627-242806	The Corner	Licensed	Zaker Hussein St. extension, Plot no. 4, Unit	Cairo	C	EG	NaN	NaN	GMT+2:00 Africa/Cairo	31.25	30.05
5072	Starbucks	26054-236446	The Hub	Licensed	Unit no .A1 Front of British School 6 of octi...	Cairo	C	EG	NaN	NaN	GMT+2:00 Africa/Cairo	31.27	30.01
5073	Starbucks	25473-241146	Drive Thru Emirates Gas Station 2	Licensed	Plot Number 11B06, Ring road, Cairo festival c...	Cairo	C	EG	NaN	NaN	GMT+2:00 Africa/Cairo	31.25	30.05
5074	Starbucks	29652-254745	City Stars Mall	Licensed	City stars Mall, Nasr city	Cairo	C	EG	EG-C	NaN	GMT+2:00 Africa/Cairo	31.20	30.02
5075	Starbucks	25472-241147	Point 90 Mall	Licensed	Plot no. 35 south investors zone, off 90 road...	Cairo	C	EG	NaN	NaN	GMT+2:00 Africa/Cairo	31.24	30.04
5076	Starbucks	19742-200007	Cairo Festival City II	Licensed	Ring Rd and 90th, New Cairo District	Cairo	C	EG	NaN	NaN	GMT+2:00 Africa/Cairo	31.35	29.96
5077	Starbucks	20111-200005	Galleria 40 (Closed)	Licensed	26th of July Rd, Alsheikh Zayed, 6th of Octobe...	Cairo	C	EG	NaN	NaN	GMT+2:00 Africa/Cairo	31.25	30.05
5078	Starbucks	19539-202105	Tivoli Dome Marina	Licensed	Marina - Gate 5, Marina District	Cairo	C	EG	NaN	NaN	GMT+2:00 Africa/Cairo	31.25	30.05
5079	Starbucks	25471-241148	Water way	Licensed	22 A first settlement ,North Investors, New Cairo	Cairo	C	EG	NaN	NaN	GMT+2:00 Africa/Cairo	31.25	30.05
5080	Starbucks	27462-247749	Gamest Eldowal	Licensed	Gamest Eldowal Street, Mohandeseen	Cairo	C	EG	NaN	NaN	GMT+2:00 Africa/Cairo	31.24	30.04
5081	Starbucks	15432-161465	Dandy Mega Mall	Licensed	Alex Dandy Mega Mall, Alex desert Road - Kilo 28	Cairo	C	EG	NaN	02 01222887982	GMT+2:00 Africa/Cairo	29.75	31.08
5082	Starbucks	19743-200006	Cairo Festival City	Licensed	Ring rd and 90th, New Cairo	Cairo	C	EG	NaN	NaN	GMT+2:00 Africa/Cairo	31.35	29.96
5083	Starbucks	25470-241149	Porto Cairo Mall	Licensed	The Ring Road, New Cairo, New Cairo, First set...	Cairo	C	EG	NaN	NaN	GMT+2:00 Africa/Cairo	31.33	29.98
5084	Starbucks	15599-157707	Sun City Mall	Licensed	Sun City, Nasr St, Nasr City, Air Side, Arrivals	Cairo	C	EG	NaN	201201605271	GMT+2:00 Africa/Cairo	31.38	30.02
5085	Starbucks	16894-171864	Zayed Dome	Licensed	Zayed Dome complex-block no 8-part 3, District...	Cairo	C	EG	NaN	NaN	GMT+2:00 Africa/Cairo	31.21	30.01
5086	Starbucks	16565-172944	Katameya Downtown	Licensed	Street 90, New Cairo	Cairo	C	EG	NaN	NaN	GMT+2:00 Africa/Cairo	31.23	30.03
5087	Starbucks	26786-245544	City Square Cairo	Licensed	CITY Square Mall - Al Rehab City, New Cairo	Cairo	C	EG	NaN	NaN	GMT+2:00 Africa/Cairo	31.24	30.04
5088	Starbucks	32152-109504	شرايت، النيل ابراج النيل ميجم	Licensed	شرايت، النيل ابراج النيل ميجم	C	C	EG	NaN	20120800307	GMT+2:00 Africa/Cairo	31.23	30.07
5089	Starbucks	32314-115172	انكم 28 طريق الاسكندرية الصحراوي ... بجي منتظر	Licensed	انكم 28 طريق الاسكندرية الصحراوي ... بجي منتظر	C	C	EG	NaN	20185022214	GMT+2:00 Africa/Cairo	31.03	30.06
5090	Starbucks	31479-105246	شارع عمر عبد جبار نبو	Licensed	شارع عمر عبد جبار نبو	C	C	EG	NaN	20120800032	GMT+2:00 Africa/Cairo	31.34	30.09
5091	Starbucks	31756-107161	سيتي ستارز 1	Licensed	شارع عمر عبد العطار ستارز نبو	C	C	EG	NaN	20120800350	GMT+2:00 Africa/Cairo	31.33	30.08
5092	Starbucks	1397-139244	سيتي ستارز 3	Licensed	شارع عمر عبد العطار ستارز المصطو	C	C	EG	NaN	20120029865	GMT+2:00 Africa/Cairo	31.33	30.08
5093	Starbucks	32191-116645	مطاعي سيتي ستارز	Licensed	القاهرة المطرو القاوي	C	C	EG	NaN	20185002677	GMT+2:00 Africa/Cairo	31.30	29.99
5094	Starbucks	3064-142484	شمال انطلة	Licensed	شارع المطار انطلة34 المهندسين بجي ني سون	C	C	EG	NaN	129007799	GMT+2:00 Africa/Cairo	31.20	30.06
5095	Starbucks	3562-131562	نعلي	Licensed	المطار جدمو فورد صالة انعم 1	C	C	EG	NaN	018-0819995	GMT+2:00 Africa/Cairo	31.34	30.06
5096	Starbucks	31646-106547	مطار القاهرة	Licensed	صالة انعم 1 مطار القاهرة قلي مطار	C	C	EG	NaN	20120800335	GMT+2:00 Africa/Cairo	31.41	30.11
5097	Starbucks	31755-107182	بنكر نصة دبي	Licensed	فندق سيلفي بحملية بحر المطار حولز2	JS	JS	EG	NaN	20120800327	GMT+2:00 Africa/Cairo	34.33	27.91

图 12－5　填充后的结果

111

12.4 用 value_count 方法统计及可视化分析

在数据分析中，将分析和可视化相结合是一种常见的做法，它能够帮助我们更好地理解和呈现数据。在本次分析中，将使用 value_count 方法来探索星巴克店铺在不同国家的分布情况，并通过可视化展示结果。

第一，统计各个国家拥有辛巴克的数量并显示前十个国家。以下代码将使用值计数方法统计数据集中出现频率最高的前十个国家。

＃使用值计数方法统计'Country'列中各个国家出现的次数,并取前十个结果

country_count＝data['Country'].value_counts( )[0:10]

＃输出结果:前十个国家及其出现的次数 country_count

输出结果:

US	13311
CN	3128
CA	1415
JP	1237
KR	993
GB	901
MX	579
TR	326
PH	298
TH	289

Name: Country, dtype: int64

接下来，通过可视化工具（Matplotlib）来展示星巴克店铺在不同国家的分布情况。我们使用了条形图来呈现每个国家的星巴克店铺数量，并通过设置合适的字体和颜色，使图表更具可读性和吸引力。通过这样的可视化形式，我们能够直观地比较不同国家之间的店铺数量差异。

import matplotlib.pyplot as plt

plt.rcParams['font.sans−serif']＝['simhei'] ＃指定默认字体

plt. rcParams['axes. unicode_minus']=False

country_count. plot(kind='bar', color='y')

plt. show( )

输出结果见图 12－6。

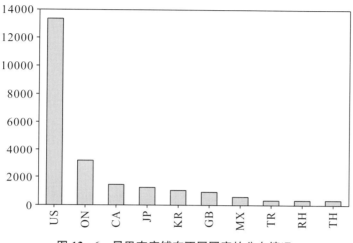

图 12－6　星巴克店铺在不同国家的分布情况

可以看到，美国拥有最多的星巴克店铺，往下是中国、加拿大、日本等，这种可视化形式可帮助我们更加直观地比较不同国家之间的店铺分布情况。

第二，统计各个城市拥有辛巴克的数量并显示前十个国家。

city_count＝data['City']. value_counts( )[0:10]

city_count

输出结果：

上海	542
Seoul	243
北京	234
New York	230
London	215
Toronto	186
Mexico City	180
Chicago	179
Las Vegas	153

Seattle   151
Name: City, dtype: int64

接下来,通过可视化工具(Matplotlib)来展示星巴克城市店铺数量排名。我们使用水平条形图来呈现每个城市的星巴克店铺数量,并通过设置合适的颜色,使图更具可读性和吸引力。通过这样的可视化形式,我们能够直观地比较不同城市之间的店铺数量差异。

```
import matplotlib. pyplot as plt
city_count. plot(kind='barh',color='g')
plt. show()
```

输出结果见图12-7。

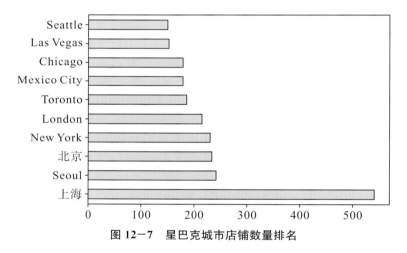

图 12-7 星巴克城市店铺数量排名

可以看到,上海拥有最多的星巴克店铺,往下是首尔、北京、纽约等,星巴克在发达城市分布得非常多。这种可视化形式帮助我们更加直观地比较不同城市之间的店铺分布情况。

筛选中国城市星巴克的数据并进行城市的排名,具体如下:

```
import matplotlib. pyplot as plt
# 筛选出中国的数据
china_data=data[data['Country']=='CN']
# 统计中国各城市的星巴克店铺数量,并选取前10个城市
city_count=china_data['City']. value_counts(). head(10)
# 创建水平条形图
```

```
city_count.plot(kind='barh')
# 显示图表
plt.show()
```

如图 12-8 所示，中国的一些重要经济中心和旅游目的地通常拥有较多的星巴克店铺。这可能与这些城市的人口规模、经济发展水平和旅游流量等有关。

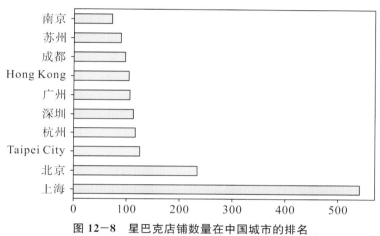

图 12-8   星巴克店铺数量在中国城市的排名

第3部分
Python高级篇

13　用蒙特卡洛方法模拟股票价格几何布朗运动

13.1　引言

在经典的期权定价理论中，假设股票价格在短期内遵循几何布朗运动。基于这一假设，Black-Scholes 等期权定价公式被推导出来。然而，在现实世界中，股票价格是否真的服从布朗运动呢？我国股市，特别是股市中的个股是否符合这一规律？为了回答这些问题，本案例使用 Python 构建了蒙特卡洛模拟方法来模拟股票价格的变化，并将模拟结果与真实数据进行对比。

影响股票价格变化的因素主要有股票价格随时间上涨的趋势和股票价格的平均波动率。前者对股票价格增长的贡献取决于时间的长短，后者只取决于布朗运动造成的随机波动。如果用 s 表示股票价格，μ 表示股票预期收益率，σ 表示波动率，且 μ、σ 均为常数，t 代表时间，z 为标准布朗运动，则有：

$$dS(t) = \mu S dt + \sigma S dz，其中 dz = \varepsilon \sqrt{dt}，\varepsilon \sim N(0,1)$$

如果 $G = \ln s$，由伊藤公式，$G(S,t)$ 满足 $dG = d\ln s = \left(\mu - \dfrac{\sigma^2}{2}\right)dt + \sigma dz$。

离散化：

$$\Delta G = \ln S_{t+\Delta t} - \ln S_t = \ln \frac{s_{t+\Delta t}}{s_t} = \left(\mu - \frac{\sigma^2}{2}\right)\Delta t + \sigma \varepsilon \sqrt{\Delta t}$$

因此为 $\varepsilon \sim N(0,1)$，可以解出 μ、σ 的值，具体公式如下：

$$\mu = \frac{E\left[\ln \dfrac{S_{t+\Delta t}}{S_t}\right]}{\Delta t}，\sigma^2 = \frac{\mathrm{var}\left[\ln \dfrac{S_{t+\Delta t}}{S_t}\right]}{\Delta t}$$

使用股票日收盘价数据，这里的 Δt 为 1。

13.2　用 Python 代码实现股票模拟

13.2.1　导入所需第三方包

```
importnumpy as npimport akshare as ak
import matplotlib. pyplot as plt
from time import time
```

本案例使用的是 Numpy、Akshare，Matplotlib. pyplot 和计算时间的 time。

13.2.2　收益率对数化及 μ、σ 参数计算

```
df=ak. stock_zh_a_cdr_daily(symbol='sz002436',
                            start_date='20200101',
                            end_date='20211230')
S_true=df[['date','close']]
S_true. columns=['日期','前收盘价(元)']
In_S_true=list()
for i in range(len(S_true.iloc[:,1]) − 1):
    In_S_true. append(np. log(S_true.iloc[i+1,1] / S_true.iloc[i,1]))
mu=np. mean(In_S_true)
sigma=np. sqrt(np. var(In_S_true))
```

利用 Akshare 工具进行数据获取。在代码中，S_true 代表真实的股价，In_S_true 则为股价的对数收益率。根据上述公式，求得所需的参数。

1.2.3　蒙特卡洛模拟路径

```
#几何布朗运动的蒙特卡洛模拟
M=len(In_S_true) #时间步数
I=2000 #模拟次数
np. random. seed(19990801) # Tip:想要出来的模拟图不一样,改变这个
seed 括号里面的数值就行
```

```
start=time()
S_model=np.zeros((M+1,I))
S_model[0]=S_true.iloc[0,1]
for j in range(0,I-1):
    for i in range(1,len(In_S_true)):
        S_model[i,j]=S_model[i-1,j]*np.exp((mu-0.5*sigma**2)+
sigma*np.random.standard_normal(1))
#S_model 中每一列都是一种模拟情况下的股票价格变动
#S_model=S_true.iloc[0,1]*np.exp(np.cumsum((mu-0.5*sigma**2)
+sigma*np.random.standard_normal((M,I)),axis=0))
end=time()
print('total time is %.6f second'%(end-start))
```

在初始阶段，采取 for 循环进行模拟，但这种方法效率相对较低。为了提高效率，可以尝试在 end＝time()上一行的语句中，去掉♯符号，同时将 S_model＝np.zeros((M+1,I))到 end＝time()中的所有语句进行注释，这样就可以使用全向量化的方法，效率会显著提高。为了直观地比较程序运行速度而写了 Start＝time()和 end＝time()这两个代码。由于不同电脑的性能可能存在差异，编者电脑的 for 循环运行了 68 秒，而全向量化只用了 0.35 秒。该行的具体效果是生成一个随机变量的数组（M 行、I 列），同时计算出每一条路径、每一个时间点的指数水平的增量，np.cumsum(axis=0)在列的方向上进行累加，得到每一个时间步数上的指数水平。

13.2.4　绘制模拟路径与真实股价比较图

```
plt.figure(figsize=(12,7))
plt.grid(True)
plt.xlabel('Time')
plt.ylabel('Stock Price')
for i in range(I):
plt.plot(S_model[:,i])
```

首先，代码生成了 2000 条路径，如图 13-1 所示。随后将这 2000 条路径取平均值，并将其与真实股价进行对比。请注意，两次绘图都在 Ipython console 中进行，如果将它们放在同一个脚本中，可能会导致图形重叠。

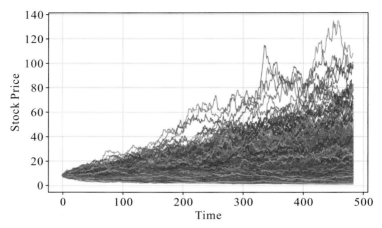

图 13-1　模拟股票价格路径走势

```
S_modelavg=list( )
for i in range(len(In_S_true)):
    S_modelavg. append(np. average(S_model[i, :]))
plt. figure(figsize=(12,7))
plt. grid(True)
plt. xlabel('Time')
plt. ylabel('Stock Price')
plt. plot(S_modelavg)
plt. plot(S_true. iloc[:, 1])
```

结果对比见图 13-2。

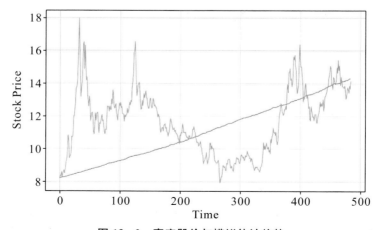

图 13-2　真实股价与模拟估计趋势

13.3   延伸思考

为什么在结果中会出现这样的差别？可能因为单独一只股票的数据存在相当程度的个体性，那么使用整体股票指数是否更能说明问题？将程序中的数据换成上证指数，可能会得到更为有趣的结果。各位读者还可以进一步分析，比如进行线性回归，看看具体的相关性；或者进行正态性检验，看其显著性水平；或者进行 Scaled-t 分布拟合优度实证；看这里的模拟本身假设是否有问题，可否通过程序修改改进。

14 数据缺失的预处理方法及应用

数据缺失在许多研究领域都是一个复杂的问题，对于数据挖掘和研究人员来说，数据准备（Data Preparation，包括数据的抽取、清洗、转换和集成）常常占据了 70％左右的工作量。然而，在数据准备的过程中，数据质量差又是最常见且令人头痛的问题，缺失值的存在，造成了以下影响：第一，系统丢失了大量的有用信息；第二，系统中所表现出的不确定性更加显著，系统中蕴含的确定性成分更难把握；第三，包含缺失值的数据会使挖掘过程陷入混乱，导致不可靠的输出；第四，使用存在缺失值的数据进行研究将会受到严重的质疑，研究结论也很难得到认可。

针对不同类型的数据缺失值问题，本案例首先初步介绍并推荐了一些处理方法，其次详细说明了带有季节变动趋势的时间序列数据缺失值填补在 Python 中的实现。

14.1 数据缺失值产生的原因

数据缺失值产生的原因多种多样，主要分为机械原因和人为原因。

（1）机械原因：机械原因导致的数据收集或保存的失败造成的数据缺失，比如数据存储的失败、存储器损坏、机械故障导致某段时间数据未能收集（对于定时数据采集而言）。

（2）人为原因：由人的主观失误、历史局限或有意隐瞒造成的数据缺失，比如，在市场调查中被访人拒绝透露相关问题的答案（例如询问工资和年龄等），或者回答的问题是无效的，数据录入人员失误漏录了数据。

14.2 数据缺失机制特征

对不同类型的缺失值的处理方式是不相同的，将数据集中不含缺失值的变量（属性）称为完全变量，数据集中含有缺失值的变量称为不完全变量，Little 和 Rubin 定义了以下三种不同的数据缺失机制。

（1）随机缺失（MAR，Missing at Random）。随机缺失意味着数据缺失的概率与缺失的数据本身无关，而仅与部分已观测到的数据有关。

（2）完全随机缺失（MCAR，Missing Completely at Random）。数据缺失的概率与其假设值以及其他变量值都完全无关。

（3）非随机缺失（MNAR，Missing not at Random）。有两种可能的情况：缺失值取决于其假设值（例如，高收入人群通常不希望在调查中透露他们的收入）；或者，缺失值取决于其他变量值（假设女性通常不想透露她们的年龄，则这里年龄变量缺失值受性别变量的影响）。

从缺失值的所属属性上讲，如果所有的缺失值都是同一属性，那么这种缺失成为单值缺失；如果缺失值属于不同的属性，称为任意缺失。另外，对于时间序列类的数据，可能存在随着时间的缺失，这种缺失称为单调缺失。

14.3 数据缺失处理方法

随机缺失和完全随机缺失的数据：可以考虑删除数据，或者用数据均值、中位数和众数等替代；若空缺值较多，也可考虑使用拉格朗日插值法。

非随机缺失的数据：在这种情况下，删除包含缺失值的数据可能会导致模型出现偏差。因此，删除数据需要非常谨慎，对于具有时间序列趋势的数据缺失值，可以采用时间序列模型进行预测插补。

不同类型的数据缺失处理方法如图 14-1 所示。

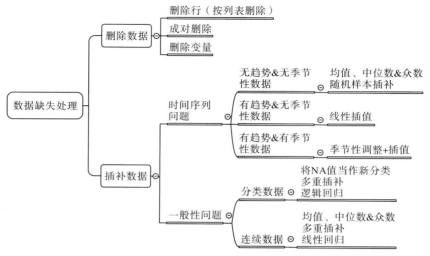

图 14-1   数据缺失处理方法

14.4   处理带有季节性波动的时间序列数据

对进行实证研究的学者来说，面对的问题大多是带有季节性波动的时间序列数据问题，而这一类数据的处理往往又是最为复杂的。因此，接下来的篇幅将着重探讨带有季节性波动的时间序列数据缺失值的处理方法，以及在Python中的实现过程。

14.4.1   带有季节性波动的时间序列数据

对于带有季节性波动的时间序列数据，其缺失值的处理往往最为复杂，数据展示见图14-2，数据特征见图14-3。

cxp2007q1	7.086252582		1.454526618		1.3165/430/				1.00/609452
cxp2007q2	1.9996044159		2.2921/4328/						1.5682240/2
cxp2007q3	3.9/3662122		2.0/6363104		2.165198951				1.88111/259
cxp2008q1	6./0134/23	11.902/6915	1.796483633	15.99/563/3	4.264100/98	11.03065613	2.2423236/4	10.38694513	3.066/45981
cxp2008q2	3.50490703/4		1.9984/0332		1.519284305				1.230892//3
cxp2008q3	4.98962/4156		2.81438/621		2.999/90606				1.8015/9851
cxp2008q4	4.3/00850/9		2.8/55653/		2.460958856				2.2/9/8594/
cxp2009q1	7.4994/9695	14.9390812	1.503/04036	26.14295863	9.9225/4197	14.13810361	3.1548603/8	13.1602688	4.05299/34/
cxp2009q2	5.1379//951		1.8584/02/9		2.281016064				1.645236893
cxp2009q3	6.310241656		3.34015988		3.64165491				2.12430946 8
cxp2009q4	4.896656448		3.451384156		3.673153366			9.631868939	2.8600/844/
cxp2009q...	9.69425 4/1/	18.830/136	3.239/469/9	31.48810422	6.9/4224008	16.79/03/9/	4.2/04/0388	7./22350/8/	5.1692s/08/
cxp2010q1	5.692225/102		3.281190945		2.86881051				1.805106356
cxp2010q2	6.8360s0984	6.8/3//94/1	5.305//1987		4.236/98136			6.2/039/524	2.33927/983
cxp2010q3	7.2495454 91	5.0889812/4	4.966685258		3.93616/956			4.129s60661	3.638722/82
cxp2010q4	9.1/7265/2/	9.886915604	1.68890/363	35.66341/66	8.03/63263 8	19.196/3//4	4./69214401	9.1/6399295	1.469864s29
cxp2011q1	/.21144l/1	3.5/2/40645	4.5882491 8	5.915663565	3.30264s569			3./691/3956	4.005804846
cxp2011q2	/.590223893	6.9/6//1592	8.215386622	8.408621841	7.209316024			4.//60610/	3.9/4240359
cxp2011q3	/./63314381	5.465419892	/.3603/4442	9.068404121	5./34914313			5./916290/5	4.328208995
cxp2011q4	12.2001/281	10.56158/86	1.6114//259	14.5531/889	7.5667688/7	22./26686/3	6.121059248	9.621496524	5./59/08091
cxp2012q1	8.31465009 4	5.5053106/	5.514687/285	7.632961136	4.533822021	5.54/962893		5.1//656615	3.829966/11
cxp2012q2	9.0902s933/	/.859/41//8	9.5211820/9	11.14401/66	/.9011/8292	4.398013148		6.238063151	5.131106806
cxp2012q3	10.4211/0/5	6.//5880011	/.9//69s9/	9.244581411	6.50086646/	5.68890s4/	7.032694417	6.2/s461/0/	5.301639939
cxp2013q1	12.185/9956	10.11//44666	2.7023/1004	15.19136/9	/.445889/494	9.80496596781			10.83409485
cxp2013q2	9.0/640109	6.3/0562138	4.035955398	/.64163637/	5.4143402	5.551/81169	1.51/803824	5.838901208	4.358974392
cxp2013q3	10.29988/59	8.7//901561	5.793/18/7/	11.48268555	/.974604421	4.5//196334	1.863304//4	6.436605151	5.288864/4/9
cxp2013q4	9./8/810/	/./6603853/	/.304014534	10.56/8s9/1	6.05009786/	5.665426605	1./5285 1326	/.83678/6	5.518892649
cxp2014q1	14.18314//5	11.//9926/63	18.23218944	13.805725 8	8.876999s311	10.49013145	2.456612914	11.606810 15	/.09284098/
cxp2014q2	10.36400s9	/.88884165	4.0/3434153	9.810017019	6.0006437s/	6.005/56304	1.616909928	5.92619086	5.105259/4s
cxp2014q3	11.3410//43	9.196935386	6.99183/08 1	10.68905/983	6.54480/014	6.5461//283	1.966624563	6.87253114	6.54s1/8442
cxp2014q4	14.31986986	11.09903916	8.149806/26	1/.320/0633	9.098960053	/.63419249/	2.065198/35	8.6/893/345	5.348/531/
cxp2015q1	8.8/421692 2	8./4892/2888	4.938600/36	10.65/67158	6.1/3100326	6.280/49089	1.641834622	6.4/9/9/6/	4.361/1089
cxp2015q2	15.13811s136	11./3940s9/	8.121/5000/	15.55449 1/1	9.339206825	5.81/s536/6	2.251140131	9.5//s9286	8.119/64/1
cxp2015q3	12.3546685 8	10.60038591	/.3/136430/	12.53246864	/.412616062	7.646896003	2.14/855216	9.38/6/2106/	6.395465995
cxp2015q4	14.82409393	15.56993001	9.110680s28	1/.38/7816	9.9/68/2964	10.80804349	2.96/012185	10.55/s8912	8.36968496
cxp2016q1	11./36/3/2	9./910//912	5.885s86095	11.5464/163	6.4/4623/0/	6.980158s89	2.1218/0962	/.06/681649	4.354s/2099/
cxp2016q2	16.01548125	14./933825 2	9.169243211	16.886/030s	9.629906201/	6.335s8/01/4	2.392629168	11.185223/1	9.012160931
cxp2016q3	14.93/30497	11./12s95828	8.22556691 8	14.11366/64	/./60685382	8.405459s/6	2.328511818	9.4/3459s7/	8.3489/7063
cxp2016q4	12.315/0806	11.85/04193	/.355432901	16.15/005s2	8.591/458/9	2.86/s32312		8.9/44691/3	/.4382/2182

图14-2 数据展示

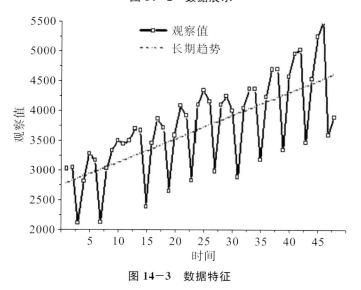

图14-3 数据特征

14.4.2 数据处理过程

使用Python进行数据的处理是很方便的，首先，导入常用的第三方包，代码如下：

#导入包

```
import numpy as np
import pandas as pd
import matplotlib.pyplot as plt
from pylab import mpl
```

针对带有季节性波动的时间序列数据，应进行时间序列分解，再分别处理时间趋势和季节性趋势。对于时间趋势部分，通常采取回归分析方法，本书以最小二乘法为例。

```
#最小二乘法求 k,b
def liner_fitting(data_x,data_y):
    size=len(data_x);
    I=0
    sum_xy=0
    sum_y=0
    sum_x=0
    sum_sqare_x=0
    average_x=0;
    average_y=0;
    while i<size:
        sum_xy+=data_x[i]*data_y[i];
        sum_y+=data_y[i]
        sum_x+=data_x[i]
        sum_sqare_x+=data_x[i]*data_x[i]
        i+=1
    average_x=sum_x/size
    average_y=sum_y/size
    return_k=(size*sum_xy-sum_x*sum_y)/(size*sum_sqare_x-sum_x*sum_x)
    return_b=average_y-average_x*return_k
    return [return_k,return_b]
```

定义一个计算拟合值的函数以便之后调用。

#计算拟合值

```
def calculate(data_x, k, b):
    datay=[]
    for x in data_x:
        datay.append(k*x+b)
    returndatay
```

在处理带有季节性波动趋势时间序列的数据时需要考虑计算一个季节系数权重，以此考虑季节的变动，因此，需要定义一个计算季节系数的算法。

```
#计算季节系数
defing(y, y1):
    S1=S2=S3=S4=0
    count1=count2=count3=count4=0
    sum1=sum2=sum3=sum4=0
    j=0
    for j in range(0, len(y), 4):
        o=j
        p=j+1
        q=j+2
        r=j+3
        if(o<len(y)):
            count1+=1
            sum1+=y[o]/y1[o]
        if(p<len(y)):
            count2+=1
            sum2+=y[p]/y1[p]
        if(q<len(y)):
            count3+=1
            sum3+=y[q]/y1[q]
        if(r<len(y)):
            count4+=1
            sum4+=y[r]/y1[r]
    S1=sum1/count1
    S2=sum2/count2
```

```
        S3＝sum3/count3
        S4＝sum4/count4
        return (S1, S2, S3, S4)
```

接着定义填补缺失值函数：

```
＃填补缺失值
def calculate1(Y, X, k, b, S):
        data[X][Y]＝(k*X+b)*S
```

在数据处理过程中如果想看到数据的拟合情况，就要先定义一个绘制函数的代码：

```
＃完成函数的绘制
def draw(data_x, data_y_new, data_y_old):
        plt.plot(data_x, data_y_new, label="拟合曲线", color="black")
        plt.scatter(data_x, data_y_old, label="离散数据")
        mpl.rcParams['font.sans−serif']＝['SimHei']
        mpl.rcParams['axes.unicode_minus']＝False
        plt.title("一元线性拟合数据")
        plt.legend(loc="upper left")
        plt.show()
```

其次，将导入数据进行数据处理：

```
＃导入数据
inputfile="./exp.xlsx"
＃此处是一个空文件夹,以备输出完整数据
outputfile="./exp1.xlsx"
data＝pd.read_excel(inputfile, header=None)
data＝data.values.tolist()
x＝list(range(0, len(data)))
```

最后，将进入具体的计算过程。在此阶段，将开始应用之前定义的各类函数。需要提醒的是，在计算过程中，自变量将定义为数据的行数，分别为 1、2、3 等，而因变量则为九个省的数据。计算过程将同时针对九个省进行。

```
for i in range(1, 10):
```

```
y=[ ]
y1=[ ]
x=list(range(0,len(data)))
for j in range(0,len(data)):
    if(data[j][i]>=0):
        y.append(data[j][i])
    else:
        x=list(range(0,len(x)-1))
parameter=liner_fitting(x,y)
draw_data=calculate(x,parameter[0],parameter[1])
for j in range(0,len(y)):
    a=draw_data[j]
    y1.append(a)
result=ing(y,y1)
for j in range(0,len(data)):
    if(data[j][i]>=0):
        data[j][i]=data[j][i]
    else:
        pa=j%4
        calculate1(i,j,parameter[0],parameter[1],result[pa])
draw(x,y1,y)
```

在完成上述步骤后，所有的缺失值已经计算完成，此时只需要一小段代码就可以将数据全部读回新建的空表格。代码如下：

```
♯输出结果写入文件
data=pd.DataFrame(data)
data.to_excel(outputfile,header=None,index=False)
```

数据处理结果见图 14-4。

exp2007q1	4.532399652	6.950454444	1.454526618	11.33143739	1.316574307	13.21321863	3.187610954	6.77974136	1.007609452
exp2007q2	7.086252582	9.55640046	1.999604459	16.234901	2.292743287	9.950173536	3.831911838	6.485566408	1.568224072
exp2007q3	3.973662122	7.606269934	2.076363104	13.92238671	2.165198951	8.941271877	2.733781139	8.063465441	1.881117259
exp2007q4	6.70134723	11.90276915	1.796483633	15.99755373	4.264100798	11.03065513	2.242323674	10.38694513	3.066745981
exp2008q1	3.504902034	7.410307253	1.998470332	11.39104704	1.519284305	12.6452578	3.059477025	7.231663663	1.230892473
exp2008q2	4.989624456	10.17837892	2.814387621	16.32019342	2.999290606	9.517826354	3.676314987	6.9107935	1.80159851
exp2008q3	4.370085079	8.093397938	2.87556537	13.99543405	2.460958856	8.548496056	2.62163605	8.583621681	2.279785947
exp2008q4	7.499479695	14.9390812	1.503704036	26.14295863	5.922574192	14.13810361	3.154860378	13.1602658	4.052997347
exp2009q1	5.132977951	7.870160061	1.858470279	11.4506567	2.281016064	12.07729697	2.931343096	7.683585967	1.645236893
exp2009q2	6.310241656	10.80035738	3.34015988	16.40548584	3.64165491	9.085479172	3.520718135	7.336020593	2.124309468
exp2009q3	4.896656448	8.580525942	3.451384156	14.0684814	3.623153366	8.155720235	2.509490961	9.631868939	2.860078447
exp2009q4	9.694254717	18.8307136	3.239246979	31.48810422	6.974224008	16.79703797	4.270470388	7.722350787	5.169257087
exp2010q1	5.692225102	8.33001287	3.281190945	11.51026635	2.86881051	11.50933615	2.803209167	8.13550827	1.805106356
exp2010q2	6.836050984	6.873779471	5.305771982	16.49077826	4.236798136	8.65313199	3.365121284	6.270397524	2.339227983
exp2010q3	7.249545491	5.08898124	4.966585258	14.14152875	3.936167595	7.762944414	2.397345872	4.129500661	3.638222782
exp2010q4	9.737655727	9.886915604	1.688907365	35.66341766	8.037632638	19.19673774	4.769214401	9.175399295	1.469864529
exp2011q1	7.21444171	3.572740645	4.58824918	5.915663555	3.362452569	10.94137532	2.675075238	3.769173956	4.005804846
exp2011q2	7.590223693	6.976771592	8.215386622	8.408621841	7.209316024	8.220784808	3.209524432	4.777606107	3.974240359
exp2011q3	7.763314381	5.465419892	7.360374442	9.068404121	5.734914313	7.370168593	2.285200783	5.791629075	4.328208995
exp2011q4	12.20017281	10.56158786	1.611477259	14.55317889	7.556268871	22.72668673	6.121059248	9.621496524	5.759708497
exp2012q1	8.314650094	5.50531067	5.514682785	7.632961135	4.533822021	5.547962893	2.546941309	5.177650615	8.299966715
exp2012q2	9.090259337	7.859741778	9.521182079	11.14401766	7.901178292	4.198013148	3.05392758	6.238063151	5.131106806
exp2012q3	10.42117075	6.775880011	7.977769597	9.244581411	6.500866467	5.68890547	2.173055694	6.275461707	5.301639939
exp2012q4	12.18579956	10.11744666	2.202371004	15.1913679	7.445897494	9.804596281	7.032694412	10.83409485	6.464716607
exp2013q1	9.07640109	6.370562138	4.035955398	7.641636327	5.4143402	5.551781169	1.517803824	5.838901208	4.358924392
exp2013q2	10.29968759	8.277901561	5.793718717	11.48268555	7.924604281	4.527196334	1.863304746	6.436053151	5.528863479
exp2013q3	9.7878107	7.766038537	7.304014534	10.56785971	6.050092867	5.655426605	1.752851325	7.8362876	5.518892649
exp2013q4	14.18314775	11.79926753	7.428321994	18.23218364	8.826995311	10.49013145	2.456612914	11.60681615	7.09284097
exp2014q1	10.3640059	7.88884165	4.073434153	9.810012019	6.000643157	6.005756304	1.616909928	5.92619086	5.105259745
exp2014q2	11.34107743	9.196939386	6.991837084	13.8052258	8.394362054	6.201426683	2.065198971	8.678937345	5.34875317
exp2014q3	9.923181568	9.712222519	6.835348392	10.68905983	6.544807014	6.546177283	1.966624563	6.82253114	6.545178442
exp2014q4	14.31986985	11.09903916	8.149805754	17.32070533	9.098960053	7.634192497	2.426713744	12.1498435	6.856663122
exp2015q1	8.874216922	8.489272888	4.938600736	10.65762158	6.173100326	6.280749089	1.641834622	6.47979767	4.36171089
exp2015q2	15.13811536	11.73940597	8.121750007	15.55449171	9.339206825	5.817553676	2.251140131	9.577759286	8.11976471
exp2015q3	12.35456858	10.60038591	7.371364307	12.53246864	7.412616062	7.646896003	2.147855216	8.386721067	6.359465995
exp2015q4	14.82409393	15.56993001	9.110580528	17.3872816	9.926872958	10.80804349	2.967012185	10.5578912	8.36968496
exp2016q1	11.7367372	9.791077912	5.885586095	11.54642163	6.424623707	6.980158589	2.121870962	7.067681649	4.345722092
exp2016q2	16.01548125	14.79338252	9.169243211	16.88670305	9.629062017	6.335870174	2.392629168	11.18522371	9.012160931
exp2016q3	14.93730492	11.12525828	8.225556918	14.11366764	7.760685382	8.405494976	2.328511818	9.473459377	8.348977063
exp2016q4	12.31570806	11.85704193	7.355432901	16.15700542	8.591745879	9.82421859	2.867532312	8.974469173	7.438272182

图 14-4　数据处理结果

本案例是带有季节性波动的时间序列数据缺失值的填补过程。文中代码还存在很多可以修改和完善的地方，各位读者可以参考使用。

15　主成分分析法的 Python 实现

15.1　引言

在实际处理数据过程中，可能会遇到样本数量不足而导致过度拟合、特征之间存在相关性或含义相近等问题，这些问题的根源在于特征过多。下面将介绍一种简单的降维方法——主成分分析法（Principal Component Analysis，PCA）。这种方法能够有效地减少数据的维度，同时保留数据的主要特征，提高数据的可解释性。

15.2　主成分分析法

主成分分析法是一种降低数据集维度，同时保持数据集对方差的贡献最大的线性变换。

用一段通俗的话来理解 PCA 的思路：想象三维数据为椭球，三个轴分别代表不同特征，将中点移到坐标原点（归一化）方便处理，方差衡量轴的长度。当某个轴非常短的时候可以忽略，椭球变成椭圆，方差最大的投影到第一个坐标（第一主成分），方差次大的投影到第二个坐标（第二主成分），三维特征被投影到二维上，降维完成。图 15-1 表示数据分布在二维平面，转动坐标轴使数据投影到一维。

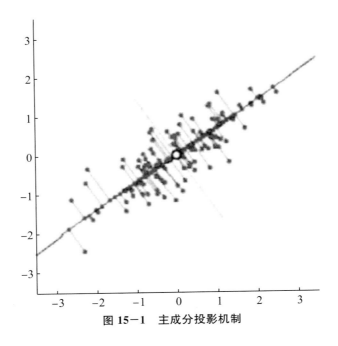

图 15-1 主成分投影机制

15. 3 PCA 的数学原理

PCA 通过线性变换将原始数据变换为一组各维度线性无关的数据，能够有效地降低数据集的维度，同时保留数据的主要特征，从而实现数据的降维。在 PCA 中，通过计算协方差矩阵的特征值和特征向量，将特征向量按照对应的特征值大小进行排序，选择前 k 个特征向量组成新的数据集，从而将原始数据集的维度降低到 k 维。

15. 4 Python 实现

准备工作：

```
import numpy as np
x=np.array([4.7,3.5,2.8,5.7,1.8,5.9,4.6,3.2,5.1,4.3])
y=np.array([1.5,2.3,5.3,3.1,4.5,2.4,6.3,1.5,2.3,1.2])
Data=np.matrix([[x[i],y[i]] for i in range(len(x))])
```

归一化处理（减去均值，除以方差）：

Data_removed$=$(Data$-$np.mean(Data,axis$=$0))/np.std(Data,axis$=$0)

$\sharp$axis$=$0表示按列,list$=$0表示按行

计算协方差矩阵：

cov_Data$=$np.cov(Data_removed,rowvar$=$0)

$\sharp$rowvar$=$0表示行为样本

协方差矩阵的特征值和特征向量：

eigval,eigvec$=$np.linalg.eig(np.mat(cov_Data))

特征向量提取与构建特征向量矩阵：

esort$=$np.argsort(eigval) $\sharp$已经转化成序号,是 int 型

keepval$=$esort[:$-$(1$+$k):$-$1]

keepvec$=$eigvec[:,keepval]

基于选定特征向量的数据降维：

Data_Dred$=$Data_removed$*$keepvec

$\sharp$运用 sklearn 库,直接使用 PCA

import numpy as np

from sklearn.datasets import make_blobs

from sklearn.decomposition import PCA

X,y$=$make_blobs(n_samples$=$10000,n_features$=$10)

$\sharp$生成随机数据,样本量为10000,维度为10

pca$=$PCA(n_components$=$'mle')

$\sharp$PCA(copy$=$True,n_components$=$2,whiten$=$F)

$\sharp$copy:bool 类型,是否将原始数据复制一份,默认为 TRUE.

$\sharp$n_components$=$k(可以是 int 型数字或者阈值,这里的 'mle' 表示自动选择降维的维数)

$\sharp$whiten:bool 类型,是否进行白化,默认为 FALSE.

pca.fit(X) $\sharp$训练

print(pca.explained_variance_ratio_) $\sharp$输出贡献度

print(pca.explained_variance_)

print(pca.n_components_) $\sharp$查看自动选择降到的维数,如果前面未使

用 mle 可以忽略这一步

降维的方法很多，例如 LDA（线性判别分析），与 PCA 相似，其目的都是将原样本映射到维度更低的样本空间中，但映射目标不一样：PCA 是为了让映射后的样本具有最大的发散性，LDA 是为了让映射后的样本有最好的分类性能。

16 K－Means 算法原理及应用

16.1 K－Means 算法

K－Means 算法采用距离作为相似性的评价指标，认为两个对象的距离越近，其相似度就越大。该算法认为簇是由距离靠近的对象组成的，因此把得到紧凑且独立的簇作为最终目标，见图 16－1。

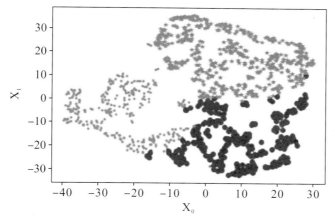

图 16－1 聚类数据可视化

K－Means 算法过程如下：

首先，从 n 个文档中随机选取 k 个文档作为中心点；

其次，对剩余的每个文档测量其到每个中心点的距离，并把它归到最近的质心的类；

再次，重新计算已经得到的各个类的中心点；

最后，迭代 m 步，直至新的质心与原来的质心相等或小于指定阈值，算法结束。

K-Means算法优缺点包括：

（1）优点。对处理大数据集，该算法保持可伸缩性和高效性；算法快速、简单，易于理解。

（2）缺点。在K-Means算法中 k 是事先给定的，这个 k 值的选定是非常难以估计的，具体应用中只能靠经验选取；对噪声和孤立点数据敏感，导致均值偏离严重；当数据量非常大时，算法的时间开销是非常大的；初始聚类中心的选择对聚类结果有较大的影响，一旦初始值选择得不好，可能无法得到有效的聚类结果。

16.2 案例介绍及代码实现

假设有两组数据 X0 和 X1。

X0=np.array([7,5,7,3,4,1,0,2,8,6,5,3])
X1=np.array([5,7,7,3,6,4,0,2,7,8,5,7])
plt.figure()
plt.axis([-1,9,-1,9])
plt.grid(True)
plt.plot(X0,X1,'k.')

散点图见图16-2。

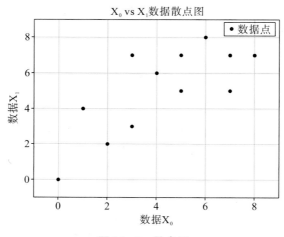

图16-2 散点图

16.2.1 随机选取重心

假设 K-Means 初始化时，随机设定两个重心，将第一个类的重心设置于第 5 个样本，第二个类的重心设置于第 11 个样本。那么可以把每个实例与两个重心的距离都计算出来，将其分配到最近的类里面。计算结果如表 16-1 所示。

表 16-1 计算结果

样本	X0	X1	与C1距离	与C2距离	上次聚类结果	新聚类结果	是否改变
1	7	5	3.16	2.00	None	C2	YES
2	5	7	1.41	2.00	None	C1	YES
3	7	7	3.16	2.83	None	C2	VES
4	3	3	3.16	2.83	None	C2	VES
5	4	6	0.00	1.41	None	C1	YES
6	1	4	3.61	4.12	None	C1	YES
7	0	0	7.21	7.07	None	C2	YES
8	2	2	4.47	4.24	None	C2	YES
9	8	7	4.12	3.61	None	C2	YES
10	6	8	2.83	3.16	None	C1	YES
11	5	5	1.41	0.00	None	C2	YES
12	3	7	1.41	2.83	None	C1	YES
C1重心	4	6					
C2重心	5	5					

新的重心位置和初始聚类结果如图 16-3 所示。第一类用 X 表示，第二类用点表示。重心位置用稍大的点突出显示。

C1=[1,4,5,9,11]

C2=list(set(range(12))-set(C1))

X0C1,X1C1=X0[C1],X1[C1]

X0C2,X1C2=X0[C2],X1[C2]

plt.figure()

plt.axis([-1,9,-1,9])

plt.grid(True)

```
plt.plot(X0C1, X1C1, 'rx')
plt.plot(X0C2, X1C2, 'g.')
plt.plot(4, 6, 'rx', ms=15.0)
plt.plot(5, 5, 'g.', ms=15.0)
```

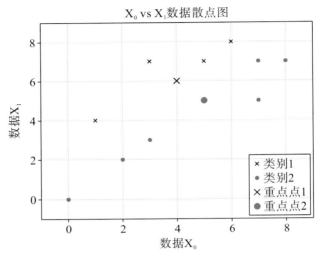

图 16－3　新重心位置和初始聚类结果

16.2.2　重新计算重心

接下来需要重新计算两个类的重心，把重心移动到新位置，并重新计算各个样本与新重心的距离，并根据距离远近为样本重新归类。重新计算结果如表16－2所示。

表 16－2　重新计算结果

样本	X0	X1	与C1距离	与C2距离	上次新聚类结果	新聚类结果	是否改变
1	7	5	3.49	2.58	C2	C2	No
2	5	7	1.34	2.89	C1	C1	No
3	7	7	3.26	3.75	C2	C1	YES
4	3	3	3.49	1.94	C2	C2	No
5	4	6	0.45	1.94	C1	C1	No
6	1	4	3.69	3.57	C1	C2	YES
7	0	0	7.44	6.17	C2	C2	No
8	2	2	4.75	3.35	C2	C2	No

样本	X0	X1	与C1距离	与C2距离	上次新聚类结果	新聚类结果	是否改变
9	8	7	4.24	4.46	C2	C1	YES
10	6	8	2.72	4.11	C1	C1	No
11	5	5	1.84	0.96	C2	C2	No
12	3	7	1.00	3.26	C1	C1	No
C1 重心	3.80	6.40					
C2 重心	4.57	4.14					

C1＝[1,2,4,8,9,10,11]

C2＝list(set(range(12))－set(C1))

X0C1,X1C1＝X0[C1],X1[C1]

X0C2,X1C2＝X0[C2],X1[C2]

plt.figure()

plt.axis([−1,9,−1,9])

plt.grid(True)

plt.plot(X0C1,X1C1,'rx')

plt.plot(X0C2,X1C2,'g.')

plt.plot(3.8,6.4,'rx',ms＝12.0)

plt.plot(4.57,4.14,'g.',ms＝12.0)

重新计算后的新重心位置见图16－4。

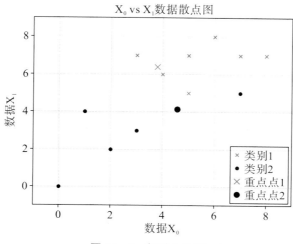

图 16－4　新重心位置

16.2.3　重复计算

接下来再重复一次上面的做法，把重心移动到新位置，并重新计算各个样本与新重心的距离，根据距离远近为样本重新归类。

$C1 = [0, 1, 2, 4, 8, 9, 10, 11]$

$C2 = list(set(range(12)) - set(C1))$

$X0C1, X1C1 = X0[C1], X1[C1]$

$X0C2, X1C2 = X0[C2], X1[C2]$

$plt.figure()$

$plt.axis([-1, 9, -1, 9])$

$plt.grid(True)$

$plt.plot(X0C1, X1C1, 'rx')$

$plt.plot(X0C2, X1C2, 'g.')$

$plt.plot(5.5, 7.0, 'rx', ms = 12.0)$

$plt.plot(2.2, 2.8, 'g.', ms = 12.0)$

重新归类结果见图16-5。

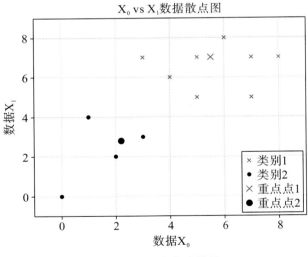

图 16-5　重新归类结果

再重复上面的方法就会发现类的重心不变了，K-Means会在条件满足的时候停止重复聚类过程。通常，条件是前后两次迭代的成本函数值的差达到了限定值，或者是前后两次迭代的重心位置变化达到了限定值。如果这些停止条件足够小，K－Means 就能找到最优解，不过这个最优解不一定是全局最优解。

16.3 延伸思考

前面介绍过 K－Means 的初始重心位置是随机选择的。有时，如果运气不好，随机选择的重心会导致 K－Means 陷入局部最优解。如果 K－Means 最终会得到一个局部最优解，这些类可能没有实际意义，那有什么办法可以避免这个问题呢？为避免局部最优解，K－Means 通常初始时要重复运行十几次甚至上百次。每次重复时，它会随机地从不同的位置开始初始化。最后把最小的成本函数对应的重心位置作为初始化位置。

除了 K－Means 算法外还有三种常用的聚类算法：K－Mediods、EM 和 DBSCAN。聚类算法的算力要求往往很高，所以最重要的选择标准往往是数据量。但是并不能说选择了错误的算法，只能说其中有些算法会更适合特定的数据集结构。为了采用最佳的（看起来更恰当的）算法，需要全面了解它们的优缺点。

17 基于 Python 的五粮液股票数据分析及可视化

17.1 统计描述性分析

17.1.1 品牌价值

如图 17-1 所示，可以发现五粮液的品牌价值一直稳步增长。

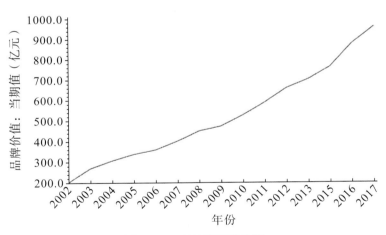

图 17-1 五粮液品牌价值

17.1.2 资产构成

五粮液 2018 年资产构成见图 17-2，五粮液采用先付款后发货的政策，这一策略导致其应收账款为零。同时，公司拥有大量流动性较高的货币资金和存货作为主要资产。这种商业模式反映了五粮液公司在财务运营方面的优越性和出色的营业状况。

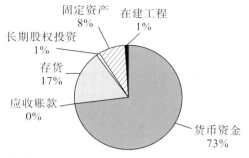

图 17－2 五粮液 2018 年资产构成

17.1.3 市盈率

如图 17－3 所示，在 2007 年五粮液的市盈率上升到了 130，说明其存在着巨大的泡沫，在牛市结束后，其市盈率在 2014 年达到了最低点，此时其市盈率不到 10，说明此时的市值被严重低估。之后便在 20～40 的区间震荡，总体来说比较健康。

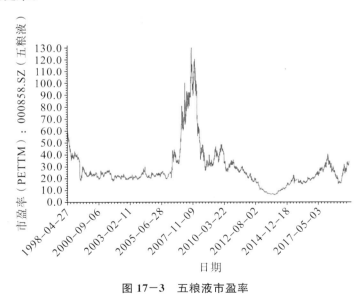

图 17－3 五粮液市盈率

17.1.4 市净率

如图 17－4 所示，五粮液的市净率在 2007 年 11 月达到了峰值，之后一路下跌，但从 2010 年之后总体处于一个可控的区间。与市盈率不同，市净率是一个更为可靠的指标。每股净资产是股票的账面价值，它是用成本计量的；每股市价是这些资产的现时市场价值。而五粮液的市场价值一直高于其账面价值，说明即使在 2016 年的股市泡沫中，五粮液依然是一家值得投资的企业。

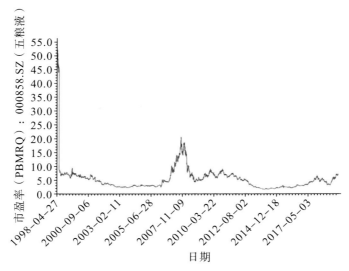

图 17—4　五粮液市净率

17.2　统计建模及分析的公式

17.2.1　蒙特卡罗模拟法

通过蒙特卡罗模拟法来模拟计算五粮液股票的风险价值。

风险价值（VaR）：即在市场正常波动的条件下，在一定概率水平 $\alpha\%$ 下，某一金融资产或金融资产组合的 VaR 是在未来特定一段时间 Δt 内最大可能损失。

现在使用蒙特卡罗模拟法进行风险价值的估算。简单来说，蒙特卡罗模拟法即运用历史数据对未来进行多次模拟，以求得未来股价的概率分布。蒙特卡罗模拟法的公式如下：

$$\frac{\Delta S}{S} = \mu\Delta t + \sigma\varepsilon\sqrt{\Delta t}$$

式中，S 为股票的价格，μ 为期望收益率，Δt 为时间间隔，σ 为股票风险，ε 为随机变量。将 S 移项可得：

$$\Delta S = S(\mu \Delta t + \sigma \varepsilon \sqrt{\Delta t})$$

17.2.2 数据来源

本次报告数据均通过 tushare 第三方包获取。

17.2.3 收盘价分析

如图 17-5 所示,五粮液收盘价经过 2016 年的牛市之后股价一路上涨到了 2018 年 2 月,之后便震动下跌至 2019 年的 2 月,后来便一路升高。对比成交量图来看,2019 年在股价跌入低点后,其成交量图也下降了相当大的幅度(见图 17-6)。

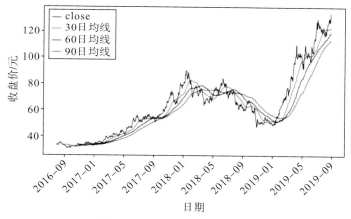

图 17-5 五粮液收盘价走势

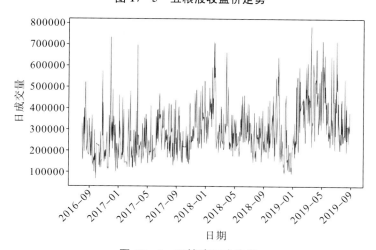

图 17-6 五粮液日成交量

17.2.4 变量间的相关性分析

在白酒行业中，市值排名前三的公司分别为贵州茅台、五粮液和洋河股份。通过相关性分析，可以发现这三家公司之间存在较强的正相关关系（见图17-7）。从收益率和风险角度来看，贵州茅台的表现最为出色，具有最高的收益率和最低的风险。相比之下，五粮液的收益率虽然也不低，但波动较大，这可能与浓香型酒类市场的竞争格局有关。尽管如此，五粮液仍然无愧于浓香型白酒市场第一名的地位，而洋河股份公司的表现则相对逊色。

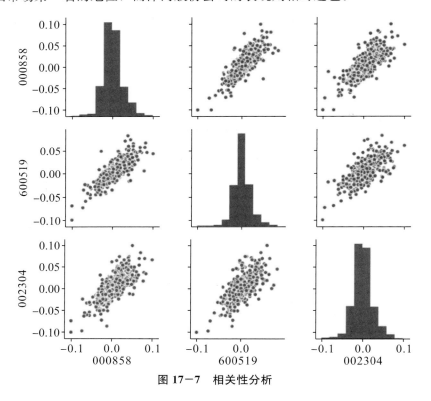

图 17-7　相关性分析

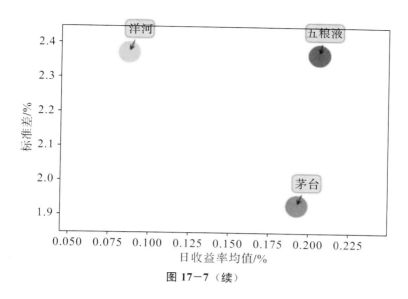

图 17-7（续）

17.2.5 蒙特卡洛模拟

如图 17-8 所示，以 2019 年 8 月 1 日的收盘价做起始价格预测一年后的收盘价，在用运行 10000 次之后可以看到其一年后的最终预测价格为 119.03 元。

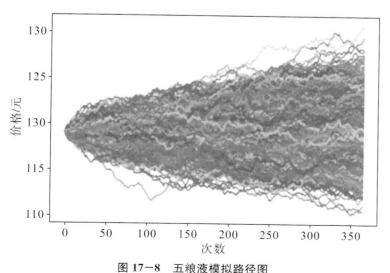

图 17-8 五粮液模拟路径图

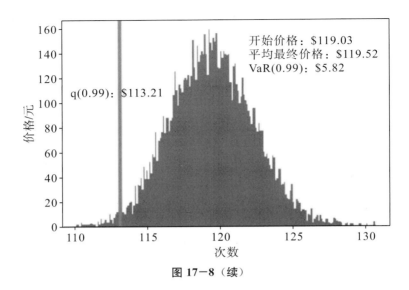

图 17－8（续）

18 正态性检验与蒙特卡洛模拟的拟合优度分析

在先前的章节中，本书介绍了经典期权定价理论中关于股票价格服从几何布朗运动的内容，并通过 Python 实现了股票价格布朗运动的蒙特卡洛模拟方法。本章将采用一些科学的统计方法来检验为前文所述结论的准确性和可靠性。

18.1 数据准备工作

```python
＃输入外包
import numpy as np
import pandas as pd
import matplotlib.pyplot as plt
import scipy.stats as stats
from scipy.stats import kstest    ＃用于正态性检验
import statsmodels.api as sm
from statsmodels.formula.api import ols    ＃用于 OLS 回归
＃读取 csv，提取股票价格
date＝pd.read_csv('300238.csv')
pture＝pd.DataFrame(date)
pture＝pture.iloc[:, 1]
＃计算样本数量、mu、sigma
days＝len(pture)
dt＝1    ＃时间间隔为1天
```

18. 2　真实股票价格的正态性检验

```
#计算日收益率、mu、sigma
sture=pd.DataFrame(np.zeros((days)))
for i in range(days):
    sture.iloc[i]=pture.iloc[i] / pture.iloc[i-1] - 1
mu=np.mean(sture)
sigma=np.std(sture)
#正态性检验
test_result=kstest(sture.values.flatten(),'norm',args=(mu,sigma))
print(test_result)
```

输出结果（第一项数值为统计数，第二项为 p 值）：

KstestResult（statistic＝0.052622346559576955, pvalue＝0.13150680510665125, statistic_location＝−0.017231795441912112, statistic_sign＝−1)

基本上 p 值＞0.05，均可认为股票服从对应的正态分布。

18. 3　蒙特卡洛模拟的拟合优度分析

```
#创建股票价格模拟值dataframe,使期初价格与真实值相等
num=30 #模拟次数为30
psimu=pd.DataFrame(np.zeros((days,num)))
psimu.loc[0]=pture.loc[0]
#蒙特卡洛模拟
for j in range(num):
    for i in range(days-1):
        psimu.iat[i+1,j]=psimu.iat[i,j]+psimu.iat[i,j]*(mu*dt+np.random.standard_normal()*sigma*np.sqrt(dt))
#股票价格保留两位小数
formater='{0:.02f}'.format
```

psimu＝psimu. applymap(formater)

psimu＝pd. DataFrame(psimu, dtype='float')

＃多元线性回归

pmodel. columns＝['G', 'pmean', 'prange', 'pvar', 'pskew', 'pkurt']

＃设置被解释变量与解释变量

x_var＝pmodel. iloc[:, 1:6]

y_var＝pmodel. iloc[:, 0]

＃ols 回归, 解释变量: pmean＋prange＋pvar＋pskew＋pkurt

lm_m＝ols('G～pmean＋prange＋pvar＋pskew＋pkurt', data＝pmodel). fit()

print(lm_m. summary()) ＃ R^2相当大, 而多个解释变量的 p 值大于0.1, 有理由认为存在多重共线性

print(x_var.corr()) ＃初步判断出 pvar 与 prange 存在高度共线性

输出结果:

OLS Regression Results

Dep. Variable:	G	R-squared:	0.862
Model:	OLS	Adj. R-squared:	0.833
Method:	Least Squares	F-statistic:	29.98
Date:	Tue, 19 Sep 2023	Prob (F-statistic):	1.41e-09
Time:	18:09:46	Log-Likelihood:	-4.1711
No. Observations:	30	AIC:	20.34
Df Residuals:	24	BIC:	28.75
Df Model:	5		
Covariance Type: nonrobust			

	coef	std err	t	p>|t|	[0.025	0.975]
Intercept	-1.6455	0.263	-6.260	0.000	-2.188	-1.103
pmean	0.0650	0.017	3.872	0.001	0.030	0.100

prange	0.0144	0.010	1.449	0.160	−0.006	0.035
pvar	−0.0034	0.001	−3.233	0.004	−0.006	−0.001
pskew	0.6098	0.238	2.559	0.017	0.118	1.102
pkurt	−0.2055	0.100	−2.060	0.050	−0.411	0.000

Omnibus:	0.448	Durbin−Watson:	2.037
Prob(Omnibus):	0.799	Jarque−Bera (JB):	0.021
Skew:	−0.028	Prob(JB):	0.990
Kurtosis:	3.115	Cond. No.	1.03e+03

Notes:

[1] Standard Errors assume that the covariance matrix of the errors is correctly specified.

[2] The condition number is large, 1.03e+03. This might indicate that there are

strong multicollinearity or other numerical problems.

	pmean	prange	pvar	pskew	pkurt
pmean	1.000000	0.941699	0.908630	−0.196464	−0.118420
prange	0.941699	1.000000	0.928125	0.005191	0.046017
pvar	0.908630	0.928125	1.000000	−0.098873	−0.050951
pskew	−0.196464	0.005191	−0.098873	1.000000	0.851512
pkurt	−0.118420	0.046017	−0.050951	0.851512	1.000000

```
#计算单独解释变量间线性相关系数
print('use pearson , parametric testspvar and prange')
r, p=stats. pearsonr(pvar. values. flatten( ), prange. values. flatten( ))
print('pearson r**2:', r**2)
print('pearson p:', p) #p值很小,认为两者存在共线性
```

运行输出结果如下:

use pearson , parametric testspvar and prange

pearson r**2: 0.861

pearson p: 1.543614909138577e−13

#ols 回归,解释变量:pmean+pvar+pskew+pkurt

lm_m=ols('G~pmean+pvar+pskew+pkurt',data=pmodel).fit()

print(lm_m.summary()) #D.W=2.4,暂且认为无序列相关性

运行输出结果:

OLS Regression Results

Dep. Variable:	G	R−squared:	0.850
Model:	OLS	Adj. R−squared:	0.826
Method:	Least Squares	F−statistic:	35.39
Date:	Tue, 19 Sep 2023	Prob(F−statistic):	5.89e−10
Time:	18:17:54	Log−Likelihood:	−5.4298
No. Observations:	30	AIC:	20.86
Df Residuals:	25	BIC:	27.87
Df Model:	4		
Covariance Type:	nonrobust		

	coef	std err	t	p>|t|	[0.025	0.975]
Intercept	−1.7701	0.254	−6.973	0.000	−2.293	−1.247
pmean	0.0832	0.011	7.331	0.000	0.060	0.107
pvar	−0.0026	0.001	−2.836	0.009	−0.005	−0.001
pskew	0.7325	0.228	3.219	0.004	0.264	1.201
pkurt	−0.2082	0.102	−2.043	0.052	−0.418	0.002

Omnibus:	3.235	Durbin−Watson:	2.046

Prob(Omnibus):	0.198	Jarque−Bera (JB):	2.046
Skew:	0.618	Prob(JB):	0.360
Kurtosis:	3.328	Cond. No.	946.

Notes:

[1] Standard Errors assume that the covariance matrix of the errors is correctly specified.

```
#残差图
plt.scatter(pmean, lm_m.resid, label='pmean')
plt.scatter(pvar, lm_m.resid, label='pvar')
plt.scatter(pskew, lm_m.resid, label='pskew')
plt.scatter(pkurt, lm_m.resid, label='pkurt')
plt.legend(loc="upper center")
plt.ylabel('resid')
```

运行输出结果见图18−1。

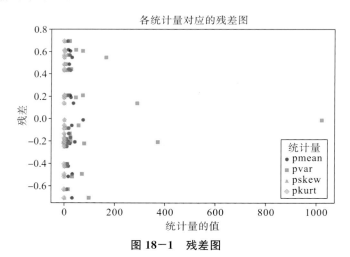

图 18−1　残差图

由图18−1可知，并不存在明显的异方差性，即均值、方差的偏误都会显著影响拟合优度 R^2，而有关正态性检验的拟合程度对拟合优度影响不明显。因此，当能够较好地预测真实股价的均值、极差、波动率时，可以用其作为限制，提高模拟结果的准确程度。

19 不均衡数据分类问题的处理

19.1 不均衡数据分类问题概述

不均衡数据分类问题指的是两个或多个类别之间的样本数量存在显著差异。具体而言，在一个二分类问题中，一个类别的样本数量远远超过另一个类别。例如，要预测一个电子商务网站上用户是否会购买某个商品，而购买者的比例只占总用户数量的很小一部分，这种情况下就存在不均衡数据分类问题。

不均衡数据分类问题可能会对机器学习模型的性能产生负面影响。由于样本数量的不平衡，模型可能会倾向于预测数量较多的类别，而忽略数量较少的类别。在上述例子中，模型可能会倾向于预测用户不购买商品，因为这样可以在大多数情况下实现高准确率。然而，这种情况下模型对于预测购买者的能力将会较弱。

因此，为解决不均衡数据分类问题，需要采取一些特定的方法。这些方法可能包括数据重采样（上采样或下采样）、类别权重调整、集成方法（如集成学习）、基于阈值的调整等。这些方法旨在平衡不同类别之间的样本数量，从而帮助模型更好地学习并预测不同类别的情况。

19.2 案例介绍与非平衡数据优化

首先，案例介绍和变量说明。本案例将使用机器学习来构建一个信贷评级模型。案例将依据历史数据，该数据包含多个客户的相关信息和他们的贷款违约情况。本案例的目标是根据客户的特征，如年龄、性别、手机号使用年限等，预测客户的信用状况是"好客户"还是"坏客户"。这样，金融机构可以根据模型的预测结果，更准确地评估客户的信用风险，并做出相应的贷款决策。变量特征见表 19—1。

表 19—1　变量特征

变量名称	属性描述
FILE_TYPE（文件类型）	0
	1
	2
IS_INSUUANCE（是否保险）	0：否
	1：是
SEX（性别）	0：女
	1：男
EDUCATION（受教育程度）	1：本科以下
	2：本科及以上
UNIT_TYPE（单位性质）	0：非国有政府单位
	1：国有政府单位
MOBILE_TIME_SPAN［手机号使用年限（月）］	1：0～12 or 空白
	2：12～24 月
	3：>24 月
is_spouse_info（是否提供配偶信息）	1：提供
	0：未提供
LOAN_AMT（放款金额）	1：≤1587
	2：(1587，2243]
	3：(2243，3317]
	4：(3317，4440]
	5：>4440
MTH_REPAY_AMT（月还款金额）	1：≤138
	2：(138，244]
	3：(244，301]
	4：(301，394]
	5：>394

续表

变量名称	属性描述
flx_package（灵活还款包）	1：≤0.5
	2：（0.5，0.65]
	3：>0.65
sign_duration（商户签约天数）	1：≤156
	2：（156，1012]
	3：>1012
als_d7_allnum（近 7 天多头申请次数）	1：≤1
	2：>1
als_m6_allnum（近 6 个月多头申请次数）	1：≤1
	2：（1，2]
	3：（2，5]
	4：>5
als_m6_night_allnum（近 6 个月夜间（凌晨 1—5 点）多头申请次数）	1：<1
	2：≥1
als_m12_allnum（近 12 个月多头申请次数）	1：≤1
	2：（1，3]
	3：（3，8]
	4：>8
als_m12_avg_monnum（近 12 个月月均申请次数（有申请月份平均））	1：≤1
	2：（1，2]
	3：>2
als_fst_nbank_inteday（距最早在非银行机构申请的间隔天数）	1：<5
	2：[5，343）
	3：≥343

其次，模型评价指标和数据预处理。为评估机器学习算法的分类优劣，通常采用准确率、ROC 曲线 & AUC、KS 值和 Lift 曲线进行判断。

（1）准确率：Accuracy＝（TP＋TN）/（TP＋TN＋FP＋FN）＝预测准确的个数/样本的总数。坏客户预测的准确率：1_Accuracy＝TN/（TN＋FP）＝预测为

坏且真实为坏的总数/预测为坏的总数。

（2）ROC 曲线 & AUC。ROC 曲线（Receiver Operating Characteristic Curve）是一种用于评估二分类模型性能的图形工具。它展示了在不同分类阈值下，模型的真阳性率（True Positive Rate，也称为召回率）与假阳性率（False Positive Rate）之间的关系。

简单来说，ROC 曲线以假阳性率作为横轴，真阳性率作为纵轴，通过绘制不同分类阈值下的真阳性率与假阳性率的变化曲线来描述模型的性能。

AUC（Area Under the ROC Curve）是 ROC 曲线下的面积，用来度量模型分类的准确性。AUC 的取值范围在 0 到 1 之间，其中 0.5 表示模型的分类能力与随机猜测相当，而 1 表示模型完美地进行了分类。

（3）KS 值。KS 值（Kolmogorov－Smirnov 值）是一种用于衡量二分类模型区分能力的指标。它通过比较正负样本在模型预测得分上的累积分布，找到最大的差异。KS 值越高，表示模型的预测能力越强。

（4）Lift 曲线。将测试样本按照预测为坏样本（1 类）的预测概率按从低到高排序，将其均分为 10 段，每一段代表一个风险等级，得到 10 个风险等级（利用分位数来实现）x 轴为风险等级，y 轴为每一风险等级对应的真实坏客户比例（该段样本中真实坏客户数/该段样本数）。

数据预处理主要是采用 SMOTE 方法和 Random Under Sampler 方法对不平衡数据进行样本抽样，实现程序如下：

```python
import pandas as pd
import numpy as np
data=pd.read_csv('data.csv')
data.hist
print(data.describe())
#pd.crosstab(data['FILE_TYPE'],data['y'],rownames=['FILE_TYPE'])
print(data['y'].value_counts())
#初始数据分析
corr_matrix=data.corr()
x=data.iloc[:,:-1]      #切片,得到输入 x
y=data.iloc[:,-1]      #切片,得到标签 y
#两种不同的采样方法
#方法1:使用 SMOTE 方法进行过抽样处理
from imblearn.over_sampling import SMOTE      #过抽样处理库
```

SMOTE942

```
    model_smote=SMOTE(random_state=0)    #建立 SMOTE 模型对象 随
机过采样
    x_smote_resampled, y_smote_resampled=model_smote.fit_resample(x, y)
    #输入数据并作过抽样处理
    smote_resampled=pd.concat([x_smote_resampled, y_smote_resampled],
axis=1)
    #按列合并数据框
    groupby_data_smote=smote_resampled.groupby('y').count()
    print(groupby_data_smote)    #经过 SMOTE 处理后的数据中 "y" 的
分布
    #方法2:使用 RandomUnderSampler 方法进行欠抽样处理
    from imblearn.under_sampling import RandomUnderSampler
    #欠抽样处理库 RandomUnderSampler
    model_RandomUnderSampler=RandomUnderSampler()    #随机欠采样
(下采样)
    x_RandomUnderSampler_resampled, y_RandomUnderSampler_resampled
=model_RandomUnderSampler.fit_resample(x, y)    #输入数据并作欠抽样
处理
    RandomUnderSampler_resampled=pd.concat([x_RandomUnderSampler_
resampled, y_RandomUnderSampler_resampled], axis=1)    #按列合并数据框
    groupby_data_RandomUnderSampler=RandomUnderSampler_resampled.
groupby('y').count()
    print(groupby_data_RandomUnderSampler)    #经过 RandomUnderSampler
处理后的数据中 "y" 的分布
    print(smote_resampled)
    print(RandomUnderSampler_resampled)
    from sklearn.model_selection import train_test_split
    from sklearn.linear_model import LogisticRegression
    log_reg=LogisticRegression()
    from scipy.stats import ks_2samp
    import matplotlib.pyplot as plt
    from sklearn.metrics import roc_curve
```

```
from sklearn. metrics import roc_auc_score
＃以 logistic regression 模型,定义计算 ks 值的函数
def ks_calc_auc(x_test, y_test):
    '''
    功能:计算 KS 值,输出对应分割点和累计分布函数曲线图
    '''
    decision_scores＝log_reg. decision_function(x_test)
    fpr, tpr, thresholds＝roc_curve(y_test, decision_scores)
    ks＝max(tpr－fpr)
    return ks
＃定义绘制 lift 曲线的函数
from scipy. stats import scoreatpercentile
def lift_curve_(result):
    result. columns＝['target', 'proba']
    ＃ 'target': real labels of the data
    ＃ 'proba': probability for "y_pred＝1"
    result_＝result. copy()
    proba_copy＝result. proba. copy()
    for i in range(10):
        point1＝scoreatpercentile(result_. proba, i*(100/10))
        point2＝scoreatpercentile(result_. proba, (i+1)*(100/10))
        proba_copy[(result_. proba＞＝point1) ＆ (result_. proba＜＝
point2)]＝((i+1))
    result_['grade']＝proba_copy
    number1＝result_. groupby(by＝['grade'], sort＝True). size()
    for i in range(len(result_)):
        if result_['target'][i] !＝1:
            result_. drop(i, axis＝0, inplace＝True)
    number2＝result_. groupby(by＝['grade'], sort＝True). size()
    df_gain＝(number2 / number1)*100
    plt. plot(df_gain, color＝'red')
    for xy in zip(df_gain. reset_index(). values):
        plt. annotate("％s" ％ round(xy[0][1], 2), xy＝xy[0],
```

```
                    xytext=(-20,10),textcoords='offset points')
plt.title('Lift Curve')
plt.xlabel('分类')
plt.ylabel('Bad Rate(%)')
plt.xticks([1.0,2.0,3.0,4.0,5.0,6.0,7.0,8.0,9.0,10.0])
fig=plt.gcf()
fig.set_size_inches(10,8)
plt.savefig("train.png")
plt.show()
```

19.3 Logistic_Regression 模型的代码实现

（1）不对原始数据作任何处理，按照留出法（test_size=0.3）抽样训练模型。

```
x_train,x_test,y_train,y_test=train_test_split(x,y,test_size=0.3)
log_reg.fit(x,y)
#找出混淆矩阵
y_pred=log_reg.predict(x_test)
y_true=pd.Series(y_test)
print(pd.crosstab(y_true,y_pred))
#找出准确率和ks值
ks=ks_calc_auc(x_test,y_test)
print("precision rate: "+str(log_reg.score(x_test,y_test)))
a=pd.crosstab(y_true,y_pred)
print("1_precision rate:"+str(a[1][1]/(a[0][1]+a[1][1])))
print("ks:"+str(ks))
#绘制AUC曲线,并求出面积
decision_scores=log_reg.decision_function(x_test)
print('AUC='+str(roc_auc_score(y_test,decision_scores)))
fprs,tprs,thresholds=roc_curve(y_test,decision_scores)
plt.plot(fprs,tprs)
```

```
plt. xlabel('fpr')
plt. ylabel('tpr')
plt. show()
#绘制 lift 曲线
proba=log_reg. predict_proba(x_test)
list_=list(zip(y_test))
y_test_=pd. DataFrame(list_, columns=['y_test'])
target=y_test_['y_test']
predict_proba=[]
for i in range(len(proba)):
    pi=proba[i][1]
    predict_proba. append(pi)
proba=np. array(predict_proba)
list_=list(zip(target, proba))
result=pd. DataFrame(list_, columns=['target', 'proba'])
lift_curve_(result)
```

（2）SMOTE 算法过采样得到数据后，按照留出法（test_size=0.3）抽样训练模型。

```
x1_train, x1_test, y1_train, y1_test=train_test_split(x_smote_resampled,
y_smote_resampled, test_size=0.3)
log_reg. fit(x_smote_resampled, y_smote_resampled)
#找出混淆矩阵
y1_pred=log_reg. predict(x1_test)
y1_true=pd. Series(y1_test)
print(pd. crosstab( y1_true , y1_pred))
#找出准确率和 ks 值
ks1=ks_calc_auc(x1_test, y1_test)
print("precision rate_1: "+str(log_reg. score(x1_test, y1_test)))
a=pd. crosstab( y1_true , y1_pred)
print("1_precision rate_1:"+str(a[1][1]/(a[0][1]+a[1][1])))
print("ks_1:"+str(ks1))
# 绘制 AUC 曲线,并求出面积
```

```
decision_scores1=log_reg.decision_function(x1_test)
print('AUC_1='+str(roc_auc_score(y1_test,decision_scores1)))
fprs1,tprs1,thresholds=roc_curve(y1_test,decision_scores1)
plt.plot(fprs1,tprs1)
plt.xlabel('fpr1')
plt.ylabel('tpr1')
plt.show()
# 绘制 lift 曲线
proba1=log_reg.predict_proba(x1_test)
list1_=list(zip(y1_test))
y1_test_=pd.DataFrame(list1_,columns=['y1_test'])
target1=y1_test_['y1_test']
predict_proba1=[]
for i in range(len(proba1)):
    pi=proba1[i][1]
    predict_proba1.append(pi)
proba1=np.array(predict_proba1)
list1_=list(zip(target1,proba1))
result1=pd.DataFrame(list1_,columns=['target1','proba1'])
lift_curve_(result1)
```

（3）欠采样得到数据后，按照留出法（test_size=0.3）抽样训练模型。

```
x2_train,x2_test,y2_train,y2_test = train_test_split(x_Random
UnderSampler_resampled,y_RandomUnderSampler_resampled,test_size=0.3)
log_reg.fit(x_smote_resampled,y_smote_resampled)
# 找出混淆矩阵
y2_pred=log_reg.predict(x2_test)
y2_true=pd.Series(y2_test)
print(pd.crosstab( y2_true ,y2_pred ))
# 找出准确率和 ks 值
ks2=ks_calc_auc(x2_test,y2_test)
print("precision rate_2: "+str(log_reg.score(x2_test,y2_test)))
a=pd.crosstab( y2_true ,y2_pred)
```

```
print("1_precision rate_2:"+str(a[1][1]/(a[0][1]+a[1][1])))
print("ks_2:"+str(ks2))
#绘制 AUC 曲线,并求出面积
decision_scores2=log_reg.decision_function(x2_test)
print('AUC_2='+str(roc_auc_score(y2_test,decision_scores2)))
fprs2,tprs2,thresholds=roc_curve(y2_test,decision_scores2)
plt.plot(fprs2,tprs2)
plt.xlabel('fpr1')
plt.ylabel('tpr1')
plt.show()
#绘制 lift 曲线
proba2=log_reg.predict_proba(x2_test)
list2_=list(zip(y2_test))
y2_test_=pd.DataFrame(list2_,columns=['y2_test'])
target2=y2_test_['y2_test']
predict_proba2=[]
for i in range(len(proba2)):
    pi=proba2[i][1]
    predict_proba2.append(pi)
proba2=np.array(predict_proba2)
list2_=list(zip(target2,proba2))
result2=pd.DataFrame(list2_,columns=['target2','proba2'])
lift_curve_(result2)
```

(4)调整 Logistic 模型各类型的权重(class_weight="balanced").

```
x2_train, x2_test, y2_train, y2_test = train_test_split(x_RandomUnderSampler_resampled,y_RandomUnderSampler_resampled,test_size=0.3)
log_reg.fit(x_smote_resampled,y_smote_resampled)
#找出混淆矩阵
y2_pred=log_reg.predict(x2_test)
y2_true=pd.Series(y2_test)
print(pd.crosstab(y2_true,y2_pred))
#找出准确率和 ks 值
ks2=ks_calc_auc(x2_test,y2_test)
```

```
print("precision rate_2:"+str(log_reg.score(x2_test,y2_test)))
a=pd.crosstab( y2_true , y2_pred)
print("1_precision rate_2:"+str(a[1][1]/(a[0][1]+a[1][1])))
print("ks_2:"+str(ks2))
#绘制 AUC 曲线,并求出面积
decision_scores2=log_reg.decision_function(x2_test)
print('AUC_2='+str(roc_auc_score(y2_test,decision_scores2)))
fprs2,tprs2,thresholds=roc_curve(y2_test,decision_scores2)
plt.plot(fprs2,tprs2)
plt.xlabel('fpr1')
plt.ylabel('tpr1')
plt.show()
#绘制 lift 曲线
proba2=log_reg.predict_proba(x2_test)
list2_=list(zip(y2_test))
y2_test_=pd.DataFrame(list2_,columns=['y2_test'])
target2=y2_test_['y2_test']
predict_proba2=[]
for i in range(len(proba2)):
    pi=proba2[i][1]
    predict_proba2.append(pi)
proba2=np.array(predict_proba2)
list2_=list(zip(target2,proba2))
result2=pd.DataFrame(list2_,columns=['target2','proba2'])
lift_curve_(result2)
```

19.4　SVM 模型的代码实现

（1）不对原始数据作任何处理，选择 Sigmoid 核，按照留出法（test_size =0.3）抽样训练模型。

```
x0_train,x0_test,y0_train,y0_test=train_test_split(x,y,test_size=0.3)
```

```
model0=SVC(kernel="rbf",probability=True)
model0.fit(x0_train,y0_train)
y0_score=model0.decision_function(x0_test)
#计算准确值与 ks 值
y0_true=pd.Series(y0_test)   #测试集的真实标签
pred0=model0.predict(x0_test) #测试集的预测标签
ks0=ks_calc_auc(x0_test,y0_test,model0)
a=pd.crosstab(y0_true,pred0) #预测全是0
print(a)
print("precision rate_0:"+str(accuracy_score(y0_test,pred0)))
print("1_precision rate:0")
print("ks_0:"+str(ks0))
#print("precision rate_0: "+str(accuracy_score(y0_test,pred0)))
#print("ks_0:"+str(ks0))
#绘制 roc 曲线
acu_curve(y0_test,y0_score)
#计算 auc 值
print("auc 值:"+str(roc_auc_score(y0_test,y0_score)))
#绘制 lift 曲线
proba0=model0.predict_proba(x0_test)    #对测试集的预测概率
list0_=list(zip(y0_test))
y0_test_=pd.DataFrame(list0_,columns=['y0_test'])
target0=y0_test_['y0_test']
predict_proba0=[]
for i in range(len(proba0)):
    pi=proba0[i][1]    #判断为坏客户的概率
    predict_proba0.append(pi)
proba0=np.array(predict_proba0)
list0_=list(zip(target0,proba0))
result0=pd.DataFrame(list0_,columns=['target0','proba0'])
lift_curve_(result0)
```

（2）SMOTE 算法过采样得到数据后，poly 核与 rbf 核相差不大，取 rbf 核，按照留出法（test_size=0.3）抽样训练模型。

168

```
model1=SVC(kernel='rbf', probability=True)
model1.fit(x1_train, y1_train)
y1_score=model1.decision_function(x1_test)
#高斯核0.716
#多项式核0.73
#sigmoid0.63
#线性0.70
#计算准确值与 ks 值
y1_true=pd.Series(y1_test)    #测试集的真实标签
pred1=model1.predict(x1_test) #测试集的预测标签
ks1=ks_calc_auc(x1_test, y1_test, model1)
print(pd.crosstab( y1_true , pred1))
print("precision rate_1:"+str(accuracy_score(y1_test, pred1)))
a=pd.crosstab( y1_true , pred1)
print("1_precision rate_1:"+str(a[1][1]/(a[0][1]+a[1][1])))
print("ks_1:"+str(ks1))
#绘制 roc 曲线
y1_score=model1.decision_function(x1_test)
print('AUC='+str(roc_auc_score(y1_test, y1_score)))
acu_curve(y1_test, y1_score)
#绘制 lift 曲线
proba1=model1.predict_proba(x1_test)    #对测试集的预测概率
list1_=list(zip(y1_test))
y1_test_=pd.DataFrame(list1_, columns=['y1_test'])
target1=y1_test_['y1_test']
predict_proba1=[]
for i in range(len(proba1)):
    pi=proba1[i][1]    #判断为坏客户的概率
    predict_proba1.append(pi)
proba1=np.array(predict_proba1)
list1_=list(zip(target1, proba1))
result1=pd.DataFrame(list1_, columns=['target1','proba1'])
lift_curve_(result1)
```

（3）欠采样得到数据后，选择 Linear 核为最佳，按照留出法（test_size＝0.3）抽样训练模型。

```python
from sklearn.metrics import accuracy_score
from sklearn.svm import SVC
model2＝SVC(kernel='linear',probability＝True)
model2.fit(x2_train,y2_train)
y2_score＝model2.decision_function(x2_test)
#高斯核0.669
#多项式核0.669
#sigmoid0.43
#线性0.665
y2_true＝pd.Series(y2_test)
pred2＝model2.predict(x2_test)
ks2＝ks_calc_auc(x2_test,y2_test,model2)
print(pd.crosstab(y2_true,pred2))
print("precision rate_2:"+str(accuracy_score(y2_test,pred2)))
a＝pd.crosstab(y2_true,pred2)
print("1_precision rate_2:"+str(a[1][1]/(a[0][1]+a[1][1])))
print("ks_2:"+str(ks2))
#绘制 roc 曲线
print('AUC='+str(roc_auc_score(y2_test,y2_score)))
acu_curve(y2_test,y2_score)
#绘制 lift 曲线
proba2＝model2.predict_proba(x2_test)
list2_＝list(zip(y2_test))
y2_test_＝pd.DataFrame(list2_,columns=['y2_test'])
target2＝y2_test_['y2_test']
predict_proba2＝[]
for i in range(len(proba2)):
    pi＝proba2[i][1]
    predict_proba2.append(pi)
proba2＝np.array(predict_proba2)
list2_＝list(zip(target2,proba2))
```

```
result2＝pd.DataFrame(list2_,columns=['target2','proba2'])
lift_curve_(result2)
```

（4）调整 SVM 模型各类型的权重（class_weight="balanced"）。

```
x3_train,x3_test,y3_train,y3_test＝train_test_split(x,y,test_size=0.3)
model3＝SVC(kernel='rbf',probability=True,class_weight="balanced")
model3.fit(x3_train,y3_train)
y3_score＝model3.decision_function(x3_test)
y3_true＝pd.Series(y3_test)
pred3＝model3.predict(x3_test)
ks3＝ks_calc_auc(x3_test,y3_test,model3)
print(pd.crosstab(y3_true,pred3))
print("precision rate_3:"+str(accuracy_score(y3_test,pred3)))
a＝pd.crosstab(y3_true,pred3)
print("1_precision rate_3:"+str(a[1][1]/(a[0][1]+a[1][1])))
print("ks_3:"+str(ks3))
＃绘制 roc 曲线
print('AUC='+str(roc_auc_score(y3_test,y3_score)))
acu_curve(y3_test,y3_score)
＃绘制 lift 曲线
proba3＝model3.predict_proba(x3_test)
list3_＝list(zip(y3_test))
y3_test_＝pd.DataFrame(list3_,columns=['y3_test'])
target3＝y3_test_['y3_test']
predict_proba3＝[]
for i in range(len(proba3)):
    pi＝proba3[i][1]
    predict_proba3.append(pi)
proba3＝np.array(predict_proba3)
list3_＝list(zip(target3,proba3))
result3＝pd.DataFrame(list3_,columns=['target3','proba3'])
lift_curve_(result3)
```

19.5 决策树的代码实现

（1）不对原始数据作任何处理，选择 Sigmoid 核，按照留出法（test_size =0.3）抽样训练模型。

```
x_train, x_test, y_train, y_test=train_test_split(x, y, test_size=0.3)
dtc.fit(x, y)
#找出混淆矩阵
y_pred=dtc.predict(x_test)
y_true=pd.Series(y_test)
print(pd.crosstab(y_true, y_pred))
#找出准确率和ks值
ks=ks_calc_auc(x_test, y_test)
print("precision rate:"+str(dtc.score(x_test, y_test)))
a=pd.crosstab(y_true, y_pred)
print("1_precision rate:"+str(a[1][1] / (a[0][1]+a[1][1])))
print("ks:"+str(ks))
#绘制 AUC 曲线,并求出面积
decision_scores=dtc.predict_proba(x_test)
print('AUC='+str(roc_auc_score(y_test, decision_scores[:, 1])))
fprs, tprs, thresholds=roc_curve(y_test, decision_scores[:, 1])
plt.plot(fprs, tprs)
plt.xlabel('fpr')
plt.ylabel('tpr')
plt.show()
#绘制 lift 曲线
proba=dtc.predict_proba(x_test)
list_=list(zip(y_test))
y_test_=pd.DataFrame(list_, columns=['y_test'])
target=y_test_['y_test']
predict_proba=[]
for i in range(len(proba)):
```

```
            pi=proba[i][1]
            predict_proba.append(pi)
        proba=np.array(predict_proba)
    list_=list(zip(target,proba))
    result=pd.DataFrame(list_,columns=['target','proba'])
    lift_curve_(result)
```

（2）SMOTE 算法过采样得到数据后，按照留出法（test_size＝0.3）抽样训练模型。

```
x1_train,x1_test,y1_train,y1_test=train_test_split(x_smote_resampled,
y_smote_resampled,test_size=0.3)
dtc.fit(x_smote_resampled,y_smote_resampled)
#找出混淆矩阵
y1_pred=dtc.predict(x1_test)
y1_true=pd.Series(y1_test)
print(pd.crosstab(y1_true,y1_pred))
#找出准确率和ks值
ks1=ks_calc_auc(x1_test,y1_test)
print("precision rate_1:"+str(dtc.score(x1_test,y1_test)))
a=pd.crosstab(y1_true,y1_pred)
print("1_precision rate_1:"+str(a[1][1]/(a[0][1]+a[1][1])))
print("ks_1:"+str(ks1))
#绘制AUC曲线,并求出面积
decision_scores1=dtc.predict_proba(x1_test)
print('AUC_1='+str(roc_auc_score(y1_test,decision_scores1[:,1])))
fprs1,tprs1,thresholds=roc_curve(y1_test,decision_scores1[:,1])
plt.plot(fprs1,tprs1)
plt.xlabel('fpr1')
plt.ylabel('tpr1')
plt.show()
#绘制lift曲线
proba1=dtc.predict_proba(x1_test)
list1_=list(zip(y1_test))
```

```
y1_test_=pd.DataFrame(list1_,columns=['y1_test'])
target1=y1_test_['y1_test']
predict_proba1=[]
for i in range(len(proba1)):
    pi=proba1[i][1]
    predict_proba1.append(pi)
proba1=np.array(predict_proba1)
list1_=list(zip(target1,proba1))
result1=pd.DataFrame(list1_,columns=['target1','proba1'])
lift_curve_(result1)
```

（3）欠采样得到数据后，按照留出法（test_size=0.3）抽样训练模型。同时，调整决策树模型的参数（criterion 选取 entropy 为最优，调整 class_weight 为 balanced）和调节阈值。

```
x2_train,x2_test,y2_train,y2_test=train_test_split(x_RandomUnderSampler_resampled,y_RandomUnderSampler_resampled,test_size=0.3)
dtc.fit(x_smote_resampled,y_smote_resampled)
# 找出混淆矩阵
y2_pred=dtc.predict(x2_test)
y2_true=pd.Series(y2_test)
print(pd.crosstab(y2_true,y2_pred))
# 找出准确率和 ks 值
ks2=ks_calc_auc(x2_test,y2_test)
print("precision rate_2: "+str(dtc.score(x2_test,y2_test)))
a=pd.crosstab(y2_true,y2_pred)
print("1_precision rate_2:"+str(a[1][1]/(a[0][1]+a[1][1])))
print("ks_2:"+str(ks2))
# 绘制 AUC 曲线，并求出面积
decision_scores2=dtc.predict_proba(x2_test)
print('AUC_2='+str(roc_auc_score(y2_test,decision_scores2[:,1])))
fprs2,tprs2,thresholds=roc_curve(y2_test,decision_scores2[:,1])
plt.plot(fprs2,tprs2)
plt.xlabel('fpr1')
```

```
plt.ylabel('tpr1')
plt.show()
#绘制 lift 曲线
proba2=dtc.predict_proba(x2_test)
list2_=list(zip(y2_test))
y2_test_=pd.DataFrame(list2_,columns=['y2_test'])
target2=y2_test_['y2_test']
predict_proba2=[]
for i in range(len(proba2)):
    pi=proba2[i][1]
    predict_proba2.append(pi)
proba2=np.array(predict_proba2)
list2_=list(zip(target2,proba2))
result2=pd.DataFrame(list2_,columns=['target2','proba2'])
lift_curve_(result2)
#综上情况,应该选择用 SMOTE 方法进行过抽样处理
```

19.6　随机森林的代码实现

（1）不对原始数据作任何处理，按照留出法（test_size＝0.3）抽样训练模型。

```
x_train,x_test,y_train,y_test=train_test_split(x,y,test_size=0.3)
forest.fit(x,y)
#找出混淆矩阵
y_pred=forest.predict(x_test)
y_true=pd.Series(y_test)
print(pd.crosstab( y_true ,y_pred))
#找出准确率和 ks 值
ks=ks_calc_auc(x_test,y_test)
print("precision rate: "+str(forest.score(x_test,y_test)))
a=pd.crosstab( y_true ,y_pred)
```

175

```
print("1_precision rate:"+str(a[1][1]/(a[0][1]+a[1][1])))
print("ks:"+str(ks))
# 绘制 AUC 曲线,并求出面积
decision_scores=forest.predict_proba(x_test)
print('AUC='+str(roc_auc_score(y_test,decision_scores[:,1])))
fprs,tprs,thresholds=roc_curve(y_test,decision_scores[:,1])
J=tprs - fprs
idx=argmax(J)
threshold=thresholds[idx]
accuracy=accuracy_score(y_test,y_pred)
recall=recall_score(y_test,y_pred)
# 阈值移动
y_pred1=forest.predict_proba(x_test)
yy=y_pred1[:,1]
y_pred2=(yy > threshold)
accuracy2=accuracy_score(y_test,y_pred2)
recall2=recall_score(y_test,y_pred2)
print(threshold)
print("accuracy="+str(accuracy))
print("accuracy2="+str(accuracy2))
print("recall="+str(recall))
print("recall2="+str(recall2))
plt.plot(fprs,tprs)
plt.xlabel('fpr')
plt.ylabel('tpr')
plt.show()
# 绘制 lift 曲线
proba=forest.predict_proba(x_test)
list_=list(zip(y_test))
y_test_=pd.DataFrame(list_,columns=['y_test'])
target=y_test_['y_test']
predict_proba=[]
for i in range(len(proba)):
```

```
        pi=proba[i][1]
        predict_proba.append(pi)
    proba=np.array(predict_proba)
    list_=list(zip(target,proba))
    result=pd.DataFrame(list_,columns=['target','proba'])
    lift_curve_(result)
```

（2）SMOTE 算法过采样得到数据后，按照留出法（test_size=0.3）抽样训练模型。

```
    x1_train,x1_test,y1_train,y1_test=train_test_split(x_smote_resampled,
y_smote_resampled,test_size=0.3)
    forest.fit(x_smote_resampled,y_smote_resampled)
    #找出混淆矩阵
    y1_pred=forest.predict(x1_test)
    y1_true=pd.Series(y1_test)
    print(pd.crosstab(y1_true,y1_pred))
    #找出准确率和 ks 值
    ks1=ks_calc_auc(x1_test,y1_test)
    print("precision rate_1: "+str(forest.score(x1_test,y1_test)))
    a=pd.crosstab(y1_true,y1_pred)
    print("1_precision rate_1:"+str(a[1][1]/(a[0][1]+a[1][1])))
    print("ks_1:"+str(ks1))
    #绘制 AUC 曲线,并求出面积
    decision_scores1=forest.predict_proba(x1_test)
    print('AUC_1='+str(roc_auc_score(y1_test,decision_scores1[:,1])))
    fprs1,tprs1,thresholds=roc_curve(y1_test,decision_scores1[:,1])
    plt.plot(fprs1,tprs1)
    plt.xlabel('fpr1')
    plt.ylabel('tpr1')
    plt.show()
    #绘制 lift 曲线
    proba1=forest.predict_proba(x1_test)
    list1_=list(zip(y1_test))
```

```
y1_test_=pd.DataFrame(list1_,columns=['y1_test'])
target1=y1_test_['y1_test']
predict_proba1=[]
for i in range(len(proba1)):
    pi=proba1[i][1]
    predict_proba1.append(pi)
proba1=np.array(predict_proba1)
list1_=list(zip(target1,proba1))
result1=pd.DataFrame(list1_,columns=['target1','proba1'])
lift_curve_(result1)
```

（3）欠采样得到数据后，按照留出法（test_size=0.3）抽样训练模型，然后调整决策树模型的参数（n_estimators=50，criterion 选取 entropy 为最优，调整 class_weight 为 balanced）。

```
x2_train,x2_test,y2_train,y2_test = train_test_split(x_Random
UnderSampler_resampled,y_RandomUnderSampler_resampled,test_size=0.3)
forest.fit(x_smote_resampled,y_smote_resampled)
#找出混淆矩阵
y2_pred=forest.predict(x2_test)
y2_true=pd.Series(y2_test)
print(pd.crosstab(y2_true,y2_pred))
#找出准确率和ks值
ks2=ks_calc_auc(x2_test,y2_test)
print("precision rate_2: "+str(forest.score(x2_test,y2_test)))
a=pd.crosstab(y2_true,y2_pred)
print("1_precision rate_2:"+str(a[1][1]/(a[0][1]+a[1][1])))
print("ks_2:"+str(ks2))
#绘制AUC曲线,并求出面积
decision_scores2=forest.predict_proba(x2_test)
print('AUC_2='+str(roc_auc_score(y2_test,decision_scores2[:,1])))
fprs2,tprs2,thresholds=roc_curve(y2_test,decision_scores2[:,1])
plt.plot(fprs2,tprs2)
plt.xlabel('fpr1')
```

```
plt. ylabel('tpr1')
plt. show()
    #绘制 lift 曲线
proba2＝forest. predict_proba(x2_test)
list2_＝list(zip(y2_test))
y2_test_＝pd. DataFrame(list2_, columns＝['y2_test'])
target2＝y2_test_['y2_test']
predict_proba2＝[]
for i in range(len(proba2)):
    pi＝proba2[i][1]
    predict_proba2. append(pi)
proba2＝np. array(predict_proba2)
list2_＝list(zip(target2, proba2))
result2＝pd. DataFrame(list2_, columns＝['target2', 'proba2'])
lift_curve_(result2)
#测试
data_test＝pd. read_csv('test.csv')
data. hist
x＝data. iloc[:, :-1]        #切片,得到输入 x
y＝data. iloc[:, -1]
x3_test＝x
y3_test＝y
# x1_train, x1_test, y1_train, y1_test＝train_test_split(x_smote_resampled,
y_smote_resampled, test_size＝0. 3)
    # forest. fit(x_smote_resampled, y_smote_resampled)
    #找出混淆矩阵
y1_pred＝forest. predict(x1_test)
y1_true＝pd. Series(y1_test)
print(pd. crosstab(y1_true, y1_pred))
    #找出准确率和 ks 值
ks1＝ks_calc_auc(x1_test, y1_test)
print("precision rate_1: "＋str(forest. score(x1_test, y1_test)))
a＝pd. crosstab(y1_true, y1_pred)
```

```
print("1_precision rate_1:"+str(a[1][1]/(a[0][1]+a[1][1])))
print("ks_1:"+str(ks1))
#绘制 AUC 曲线,并求出面积
decision_scores1=forest.predict_proba(x1_test)
print('AUC_1='+str(roc_auc_score(y1_test,decision_scores1[:,1])))
fprs1,tprs1,thresholds=roc_curve(y1_test,decision_scores1[:,1])
plt.plot(fprs1,tprs1)
plt.xlabel('fpr1')
plt.ylabel('tpr1')
plt.show()
#绘制 lift 曲线
proba1=forest.predict_proba(x1_test)
list1_=list(zip(y1_test))
y1_test_=pd.DataFrame(list1_,columns=['y1_test'])
target1=y1_test_['y1_test']
predict_proba1=[]
for i in range(len(proba1)):
    pi=proba1[i][1]
    predict_proba1.append(pi)
proba1=np.array(predict_proba1)
list1_=list(zip(target1,proba1))
result1=pd.DataFrame(list1_,columns=['target1','proba1'])
lift_curve_(result1)
```

19.7　总结延伸

对于不平衡数据分类问题，案例从数据采样、为数据加权和阈值移动入手，经实验发现：

（1）SMOTE 过采样方法可以全面提高模型预测性能。

（2）数据加权可以有效提高预测坏用户正确率。

（3）阈值移动可以明显提高坏客户预测的正确率，但是整体正确率未必提升，需要根据具体需求进行选择。

对于本次不平衡数据二分类问题，决策树和随机森林的效果要优于 Logistics 和 SVM。猜测是由于各个特征之间区分度较大，因此叶节点的纯度也较高，所以决策树和随机森林效果好。

20 Python 编写人脸识别程序

20.1 引言

首先，利用 OpenCV 进行初步的人脸识别，实现对镜头前的人脸与预存数据库中人物的比对。使用 OpenCV 的人脸检测器和基于 LBPH（Local Binary Patterns Histograms）的人脸识别器，能够快速准确地判断镜头前的人脸与数据库中的预存人物是否相符。

其次，案例探讨如何利用机器学习方法提高人脸识别的准确度。传统的人脸识别方法存在一定的局限性，而机器学习技术的引入可以有效提升识别的精度和准确性。同时，使用机器学习算法，训练一个具备自主判别能力的人脸识别模型，该模型能够主动判别目标图片是属于图片库中的哪个人物，从而实现更精确的人脸识别。

通过学习本章节，读者将了解到基于 OpenCV 的初步人脸识别方法，以及如何利用机器学习技术提升人脸识别的准确度。这些技术的应用将在实际场景中发挥重要作用，如安全监控、人脸支付等领域。同时，读者还将了解到人脸识别技术的发展趋势，以及可能面临的挑战和未来的应用前景。

20.2 准备工作

在开始学习本章节之前，需要进行一些准备工作。首先，需要确保开发环境中已经安装了以下包：

（1）OpenCV。OpenCV 是一个广泛使用的计算机视觉包，提供了丰富的图像处理和计算机视觉算法。可以通过在终端或命令提示符中运行适合操作系统的命令来安装 OpenCV。例如，在使用 Python 的情况下，可以运行 pip install opencv－python 命令来安装。

（2）Numpy。Numpy 是 Python 中用于科学计算的基础包，提供了高效的多维数组操作功能。可以通过运行 pip install numpy 命令来安装 Numpy。

（3）Scikit－learn。Scikit－learn 是一个机器学习包，提供了各种机器学习算法和工具。可以通过运行 pip install scikit－learn 命令来安装 Scikit－learn。

下载并准备 haarcascade_frontalface_default.xml 文件，该文件是 OpenCV 中用于人脸检测的人脸分类器。可以打开网络浏览器，并访问链接 https://github.com/opencv/opencv/blob/master/data/haarcascades/haarcascade_frontalface_default.xml 进行下载。

20.3　基于 OpenCV 的基础人脸识别

此代码演示了如何利用 OpenCV 进行基本的人脸识别。首先，加载 OpenCV 提供的人脸分类器（haarcascade_frontalface_default.xml），以便在图像中检测人脸。其次，加载一个预先知道的人脸图像，用于后续的验证。再次，将图像转换为灰度图像，使用人脸分类器检测已知人脸图像中的人脸，并提取人脸的特征。在主循环中，打开摄像头并读取摄像帧数，将帧数转换为灰度图像，并使用人脸分类器检测图像中的人脸。对于每个检测到的人脸，提取其特征，并计算其与已知人脸的相似度。根据相似度的阈值，判断是否是同一个人，并相应地进行操作。最后，将结果显示在窗口中。

```
import cv2
＃加载人脸分类器
face_cascade＝cv2.CascadeClassifier("haarcascade_frontalface_default.xml")
＃加载已知人脸图像(用于验证)
known_face_image＝cv2.imread("IMG20231127210933.jpg")
＃转换为灰度图像
known_face_gray＝cv2.cvtColor(known_face_image,cv2.COLOR_BGR2GRAY)
＃检测已知人脸图像中的人脸
known_faces＝face_cascade.detectMultiScale(known_face_gray,scaleFactor＝
1.1,minNeighbors＝5,minSize＝(30,30))
```

```
#提取已知人脸图像中的特征
for (x,y,w,h) in known_faces:
    known_face_roi=known_face_gray[y:y+h,x:x+w]
    known_face_descriptor=cv2.resize(known_face_roi,(128,128))
#打开摄像头
video_capture=cv2.VideoCapture(0)
while True:
    #读取摄像头帧
    ret,frame=video_capture.read()
    #转换为灰度图像
    gray=cv2.cvtColor(frame,cv2.COLOR_BGR2GRAY)
    #检测人脸
    faces = face_cascade.detectMultiScale(gray,scaleFactor=1.1,minNeighbors=5,minSize=(30,30))
    #遍历检测到的人脸
    for (x,y,w,h) in faces:
        #提取当前人脸的特征
        face_roi=gray[y:y+h,x:x+w]
        face_descriptor=cv2.resize(face_roi,(128,128))
        #计算当前人脸与已知人脸的相似度
        similarity=cv2.compareHist(cv2.calcHist([known_face_descriptor],[0],None,[256],[0,256]),cv2.calcHist([face_descriptor],[0],None,[256],[0,256]),cv2.HISTCMP_CORREL)
        #设置阈值,判断是不是同一个人
        if similarity > 0.5:
            #是同一个人,进行相应操作
            #比如显示"验证通过"等
            cv2.putText(frame,"PASS",(x,y - 10),cv2.FONT_HERSHEY_SIMPLEX,0.9,(0,255,0),2)
        else:
            #不是同一个人,进行相应操作
            #比如显示"验证失败"等
            cv2.putText(frame,"ERROR",(x,y - 10),cv2.FONT_
```

HERSHEY_SIMPLEX, 0. 9, (0, 0, 255), 2)

```python
            #绘制人脸框
            cv2. rectangle(frame, (x, y), (x+w, y+h), (0, 255, 0), 2)
        #显示结果
        cv2. imshow('Face Recognition', frame)
        #按下 'q' 键退出循环
        if cv2. waitKey(1) & 0xFF==ord('q'):
            break
    #释放摄像头资源
    video_capture. release()
    cv2. destroyAllWindows()
```

20. 4 基于 OpenCV 的人脸数据预处理和分类器训练

```python
    #import os
    import numpy as np
    import cv2
    #脸部检测函数
    def face_detect_demo(image):
        gray=cv2. cvtColor(image, cv2. COLOR_BGR2GRAY)
        face_detector = cv2. CascadeClassifier ( " haarcascade_frontalface_default.
xml")

        faces=face_detector. detectMultiScale(gray, 1. 2, 6)
        #如果未检测到面部,则返回原始图像
        if len(faces)==0:
            return None, None
        #目前假设只有一张脸,xy 为左上角坐标,wh 为矩形的宽高
        (x, y, w, h)=faces[0]
        #返回图像的脸部部分
        return gray[y: y+w, x: x+h], faces[0]
    def ReFileName(dirPath):
        param dirPath: 文件夹路径
```

```
        return:
        #对目录下的文件进行遍历
        faces=[]
        for file in os.listdir(dirPath):
                #判断是否是文件
                if os.path.isfile(os.path.join(dirPath,file)):
                        c=os.path.basename(file)
                        name=os.path.join(dirPath,c)
                        img=cv2.imread(name)
                        #检测脸部
                        face,rect=face_detect_demo(img)
                        #我们忽略未检测到的脸部
                        if face is not None:
                                #将脸添加到脸部列表并添加相应的标签
                                faces.append(face)
        cv2.waitKey(1)
        cv2.destroyAllWindows()
        return faces
#彭××照读取
dirPathpengyuyan=r"C:\Users\Shineion\Desktop\pengyuyan"     #文件路径
pengyuyan=ReFileName(dirPathpengyuyan)     #调用函数
labelpengyuyan=np.array([0 for_in range(len(pengyuyan))])     #标签处理
#吴××照读取
dirPathwuyanzu=r"C:\Users\Shineion\Desktop\wuyanzu"     #文件路径
wuyanzu=ReFileName(dirPathwuyanzu)     #调用函数
labelwuyanzu=np.array([1 for_in range(len(wuyanzu))])     #标签处理
#拼接并打乱数据特征和标签
x=np.concatenate((pengyuyan,wuyanzu),axis=0)
y=np.concatenate((labelpengyuyan,labelwuyanzu),axis=0)
index=[i for i in range(len(y))]     #test_data 为测试数据
np.random.seed(1)
np.random.shuffle(index)     #打乱索引
train_data=x[index]
```

```
train_label=y[index]
#分类器
recognizer=cv2.face.LBPHFaceRecognizer_create()
recognizer.train(train_data,train_label)
#保存训练数据
recognizer.write('train.yml')
win.mainloop()
```

21　用 Python 实现逐步回归及应用

21.1　逐步回归介绍

  逐步回归（Stepwise Regression），是一种线性回归模型自变量选择方法，其基本思想是将变量一个一个引入，观察其偏回归平方和经验是不是显著的。同时，每引入一个新变量就对已入选回归模型的旧变量逐个进行检验，将不显著的变量删除，以保证所得自变量子集中每一个变量都是显著的。此过程经过若干步直到不能再引入新变量为止，以确保最终回归模型中所有变量对因变量都是显著的，且无严重多重共线性。

  逐步回归分为三种，分别是向前逐步回归、向后逐步回归、逐步回归。向前逐步回归（Forwar－Stepwise Regression）的特点是将自变量一个一个引入模型中，每当引入一个变量时，就利用相应的检验准则进行检验，当加入的变量不能使得模型变得更优良时，变量将会被剔除，如此不断迭代，直到没有适合的新变量引入为止。本书将讨论向前逐步回归的 Python 实现。

21.2　逐步回归的数学原理

  逐步回归中，每引入一个解释变量都要进行 F 检验，对已经引入的解释变量逐个进行 t 检验，并根据 AIC 准则进行判别，相关数学知识可参考 https://baike.baidu.com/item/逐步回归/585832?fr=aladdin。

$$AIC = 2p + n\ln(SSE/n)$$

  式中，p 为进入模型当中的自变量个数，n 为样本量，SSE 是残差平方和。在 n 固定的情况下，p 越小，AIC 越小，SSE 越小。而 p 越小代表着模型越简洁，SSE 越小代表着模型越精准，即拟合度越好。综上所述，AIC 越小，模型就越简洁和精准。

增加自由参数的数目提高了拟合的优良性，AIC 鼓励数据拟合的优良性但是要避免出现过度拟合（Overfitting）的情况。因此，优先考虑的模型应是 AIC 值最小的那一个。

21.3　案例分析及代码实现

使用 Sklearn 包中的波士顿房价数据为例进行分析，其含有 13 个原始变量。

21.3.1　导入包与数据，处理数据

```
import numpy as np
import pandas as pd
from sklearn import datasets
import statsmodels.api as sm
from statsmodels.formula.api import ols
import random
from sklearn.model_selection import train_test_split
#从 sklearn 中加载波士顿房价数据
boston_data=datasets.load_boston()
#将自变量转换成 dataframe 格式,命名自变量
boston= pd.DataFrame(boston_data.data, columns = boston_data.feature_names)
#合并自变量,因变量数据
boston['target']=pd.Series(boston_data.target)
#查看数据量
boston.shape
#分训练集测试集
boston_train, boston_test=train_test_split(boston, test_size=0.1)
```

21.3.2 对逐步回归函数进行定义

```
#定义向前逐步回归函数
def forward_select(data,target):
    variate=set(data.columns)    #将字段名转换成字典类型
    variate.remove(target)    #去掉因变量的字段名
    selected=[]
    current_score,best_new_score=float('inf'),float('inf')    #初始分数
```
和最优分数初始值都设置为无穷大(AIC 越小越好)
```
    #循环筛选变量
    while variate:
        aic_with_variate=[]
        for candidate in variate:    #逐一遍历自变量
            formula="{}~{}".format(target,"+".join(selected+
```
[candidate]))   #连接自变量名
```
            aic=ols(formula=formula,data=data).fit().aic    #利用
```
ols 训练模型得出 AIC 值
```
            aic_with_variate.append((aic,candidate))    #将第每一次的
```
AIC 值放进空列表
```
        aic_with_variate.sort(reverse=True)    #降序排序 AIC 值
        best_new_score,best_candidate=aic_with_variate.pop()    #最好
```
的 AIC 值是删除列表的最后一个值,最好的自变量是列表最后一个自变量
```
        if current_score>best_new_score:    #如果目前的 AIC 值大于最
```
好的 AIC 值
```
            variate.remove(best_candidate)    #移除加进来的变量名,
```
即第二次循环时,不考虑此自变量了
```
            selected.append(best_candidate)    #将此自变量作为加进
```
模型中的自变量
```
            current_score=best_new_score    #最新的分数等于最好的分数
            print("aic is {},continuing!".format(current_score))    #
```
输出最小的 AIC 值
```
        else:
            print("for selection over!")
```

```
            break
formula="{}~{}".format(target,"+".join(selected))    #最终模型
print("final formula is {}".format(formula))
model=ols(formula=formula,data=data).fit()
return(model)
```

21.3.3　使用训练集数据进行逐步回归

#代入训练集数据

forward_select(data=boston_train,target="target")

训练集数据结果如图 21－1 所示。

```
forward_select(data=boston_train,target="target")

aic is 2958.1671278652607,continuing!
aic is 2855.982973681182,continuing!
aic is 2814.9031868090838,continuing!
aic is 2798.2677524401624,continuing!
aic is 2779.222400216077,continuing!
aic is 2768.5856567190463,continuing!
aic is 2761.572738634824,continuing!
aic is 2756.3720247456863,continuing!
aic is 2749.58758192058,continuing!
aic is 2744.5157932578204,continuing!
aic is 2737.416095714386,continuing!
for selection over!
final formula is target~LSTAT+RM+PTRATIO+DIS+NOX+CHAS+B+RAD+CRIM+TAX+ZN
```

图 21－1　训练集数据结果

可以看出最终保留了 11 个自变量，总体上剔除了 2 个自变量：AGE 和 INDUS。

下面将这 11 个自变量放进模型里运行并查看模型结果。

#最小二乘法回归模型

lm_1=ols("target~LSTAT＋RM＋PTRATIO＋DIS＋NOX＋CHAS＋B＋ZN＋RAD＋TAX＋CRIM",data=boston_train).fit()

lm_1.summary()

回归模型结果如图 21－2 所示。

OLS Regression Results

Dep. Variable:	target	R-squared:	0.729
Model:	OLS	Adj. R-squared:	0.722
Method:	Least Squares	F-statistic:	108.2
Date:	Thu, 05 Dec 2019	Prob (F-statistic):	5.34e-118
Time:	21:07:31	Log-Likelihood:	-1356.7
No. Observations:	455	AIC:	2737.
Df Residuals:	443	BIC:	2787.
Df Model:	11		
Covariance Type:	nonrobust		

图 21-2　最小二乘法回归模型结果

可以看出 $R^2=0.729$，拟合效果较佳。

模型参数系数和截距如图 21-3 所示。

	coef	std err	t	P>|t|	[0.025	0.975]
Intercept	35.2673	5.439	6.484	0.000	24.578	45.956
LSTAT	-0.5430	0.052	-10.541	0.000	-0.644	-0.442
RM	3.7776	0.438	8.629	0.000	2.917	4.638
PTRATIO	-0.9090	0.140	-6.509	0.000	-1.184	-0.635
DIS	-1.4441	0.196	-7.350	0.000	-1.830	-1.058
NOX	-16.8756	3.756	-4.493	0.000	-24.257	-9.494
CHAS	2.9158	0.930	3.135	0.002	1.088	4.744
B	0.0093	0.003	3.081	0.002	0.003	0.015
ZN	0.0438	0.015	2.991	0.003	0.015	0.073
RAD	0.3076	0.067	4.596	0.000	0.176	0.439
TAX	-0.0111	0.004	-3.140	0.002	-0.018	-0.004
CRIM	-0.1118	0.034	-3.283	0.001	-0.179	-0.045

图 21-3　模型参数系数和截距

21.3.4　对模型进行测试

删除变量(列)"AGE"和"INDUS"

192

del boston_test['AGE']

del boston_test['INDUS']

＃对测试集进行所得模型预测

pred＝lm_1.predict(boston_test)

＃检测效果

olsr＝sm.OLS(pred, boston_test).fit()

olsr.summary()

可以看到如图 21－4 所示的测试结果，经过检验后，得到的决定系数 R^2 为 0.997，十分接近 1，说明模型效果优异，可以采用。

OLS Regression Results

Dep. Variable:	y	R-squared (uncentered):	0.997
Model:	OLS	Adj. R-squared (uncentered):	0.997
Method:	Least Squares	F-statistic:	1229.
Date:	Thu, 05 Dec 2019	Prob (F-statistic):	2.41e-46
Time:	21:10:28	Log-Likelihood:	-79.925
No. Observations:	51	AIC:	183.8
Df Residuals:	39	BIC:	207.0
Df Model:	12		
Covariance Type:	nonrobust		

图 21－4　测试结果

22　生成式对抗神经网络及 Python 实现

生成式对抗网络（GAN，Generative Adversarial Networks）是一种强大而创新的算法，它通过两个互相对抗的神经网络，即生成器网络和判别器网络，来模拟和生成逼真的数据。生成器网络的目标是生成与真实数据相似的样本，而判别器网络则致力于区分生成的样本与真实样本之间的差异。通过不断的反馈和调整，生成器网络和判别器网络相互博弈，逐渐提升生成样本的质量，最终达到逼真程度。

22.1　GAN 算法的原理介绍

GAN 是 Goodfellow 等在 2014 年提出的一种生成式模型。GAN 的主要灵感来源于博弈论中零和博弈的思想，应用到深度学习神经网络，就是通过生成器网络 G（Generator）和判别器网络 D（Discriminator）双方的博弈学习，相互提高，最终达到一个纳什均衡点，此时生成器网络 G 生成的样本非常逼真，使得判别器网络 D 真假难分。两者的关系就像学生和教师，学生在不断犯错中取得进步，老师也在这个过程逐渐学会了评价学生的能力，变成了一个优秀的教师。

理解 GAN 的基本思想后，来看看生成器网络和判别器网络怎么实现。以生成图片为例，假设有两个网络：G（Generator）和 D（Discriminator）。G 是一个生成器网络，如图 22−1 所示，它接收一个随机的噪声 z，通过这个噪声生成图片，记作 $G(z)$。D 是一个判别器网络，如图 22−2 所示，判别一张图片是不是"真实的"。它的输入参数是 x，x 代表一张图片，输出 $D(x)$ 代表 x 为真实图片的概率。如果为 1，就代表 100％是真实的图片；而输出为 0，就代表不可能是真实的图片。

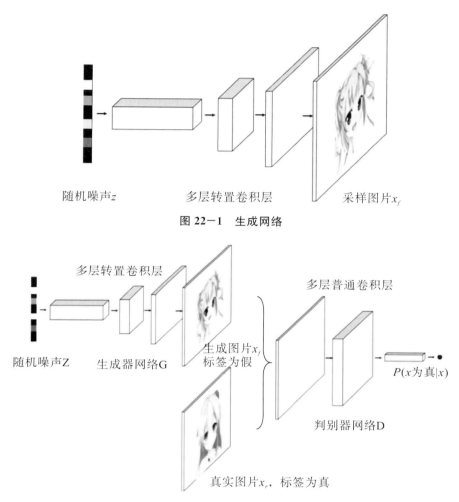

随机噪声z　　　　　　多层转置卷积层　　　　　采样图片x_f

图 22-1　生成网络

多层转置卷积层

多层普通卷积层

随机噪声Z　　生成器网络G　　生成图片x_f
标签为假

$P(x$为真$|x)$

判别器网络D

真实图片x_r，标签为真

图 22-2　生成器网络和判别器网络

在理解了生成器网络和判别器网络之后，案例将探讨整个网络是如何进行训练的。由于生成器网络 G 和判别器网络 D 的优化目标不同，不能采用传统的单一损失函数来训练。因此，训练这两个模型的方法是：单独交替迭代训练。

假设现在已经有了生成式对抗神经网络模型，那么给一堆随机数组，就会得到一堆假的样本集。现在人为地定义真假样本集的标签，因为希望真样本集的输出尽可能为 1，假样本集为 0。这样单就判别网络来说，此时问题就变成了一个再简单不过的有监督的二分类问题了，直接放入神经网络模型中训练即可。判别器网络就训练完了，下面来看生成器网络。对于生成器网络，它的目的是生成尽可能逼真的样本。因此在训练生成器网络的时候，需要联合判别器网络一起才能达到训练的目的。

那么现在来分析一下样本，原始的噪声数组存在，也就是生成了假样本，此时很关键的一点来了，即要把这些假样本的标签都设置为 1，也就是认为这些假样本在生成网络训练的时候是真样本。判别器网络的目的，是能够生成迷惑判别器网络的样本。这样就能使得生成的假样本逐渐逼近为真样本。不过要注意的是在训练这个串接的网络时，一个很重要的操作就是不要判别器网络的参数发生变化，也就是不让它的参数发生更新，只是把误差一直传，传到生成器网络那里后更新生成网络的参数。这样就完成了生成网络的训练。因此这个过程就是，得到初始的 D0、G0 后，先训练 D0，然后固定 D0 开始训练 G0，以此类推，训练 D1，G1，D2，G2，…

理解 GAN 的训练过程后，来看看训练过程的数学表达。对于判别网络 D，它的目标是能够很好地分辨出真样本 x_r 与假样本 x_f。以图片生成为例，它的目标是最小化图片的预测值和真实值之间的交叉熵损失函数为：

$$\max_D V(D,G) = E_{x \sim pdata(x)}\big[\lg(D(x))\big] + E_{z \sim p_z(z)}\big[\lg(1-D(G(z)))\big]$$

对于生成网络 $G(z)$，希望 $x_f = g(z)$ 能够很好地骗过判别网络 D，假样本 x_f 在判别网络的输出越接近真实的标签越好。也就是说，在训练生成网络时，希望判别网络的输出 $D(G(z))$ 越逼近 1 越好，此时的交叉熵损失函数为：

$$\min_G V(D,G) = E_{z \sim p_z(z)}\big[\lg(1-D(G(z)))\big]$$

然后得到原始论文里的目标公式：

$$\min_G \max_D V(D,G) = E_{x \sim pdata(x)}\big[\lg(D(x))\big] + E_{z \sim p_z(z)}\big[\lg(1-D(G(z)))\big]$$

22.2 DAGAN 算法的原理介绍

生成器网络和判别器网络都是一个巨大的神经网络。而深度学习中对图像处理应用最好的模型是 CNN，那么如果在 GAN 框架中生成器网络和判别器网络均用 CNN 实现，将 CNN 与 GAN 结合会取得什么样的表现呢？DCGAN 的作者在使用传统的监督学习 CNN 架构扩展 GAN 的过程中，也遇到了困难。在反复实验和尝试之后，作者提出了一系列的架构，可以让 GAN+CNN 更加稳定，可以 deeper，并且产生更高分辨率的图像。核心的工作是对现有的 CNN 架构做如下修改。

22.2.1 替代池化操作（pooling）

取消所有 pooling 层，生成器网络中使用转置卷积（transposed convolutional layer）进行上采样，判别器网络中用加入跨量（Stride）的卷积代替 pooling。其主要就是使用 strided convolution 替代确定性的 pooling 操作，从而可以让网络自己学习 downsampling（下采样）。作者对生成器和判别器网络都采用了这种方法，让它们可以学习自己的空间下采样。

22.2.2 使用批归一化（Batch Normalization，BN）

在生成器网络和判别器网络中均使用 BN。BN 可以加速学习和收敛，其将每一层的输入变换到 0 均值和单位标准差（其实还需要 shift 和 scale），这被证明是深度学习中非常重要的加速收敛和减缓过拟合的手段。它可以帮助由初始化不当而导致的训练困难，可以让梯度向更深的层次流动。实践表明，这对于深度生成器的有效学习是至关重要的，可以防止 generator 将所有的 samples 变成一个 single point，这是 GAN 训练经常会遇到的问题。实践表明，如果直接将 BN 应用到 all layers，会导致 sample 震荡和不稳定，所以只对生成器网络的输出层和判别器网络的输入层使用 BN。

22.2.3 转变为全卷积网络

去掉 FC 层，使网络变为全卷积网络。最近的做法是使用全局平均池化去替代全链接层。全局平均池化可以提高模型的稳定性，但是却降低了收敛速度。GAN 的输入采用均匀分布初始化，可能会使用全连接层（矩阵相乘），得到的结果可以 reshape 成一个四维的张量，之后堆叠卷积层即可；对于判别器网络，最后的卷积层可以先压平，然后送入一个 Sigmoid 分类器。

22.2.4 激活函数选择与学习加速

生成器网络使用 ReLU 作为激活函数，最后一层使用 tanh。判别器网络使用 LeakyReLU 作为激活函数。对于生成器网络，其输出层使用 tanh 激活函数，其余层使用 relu 激活函数。使用 bounded activation 可以加速模型的学习，覆盖训练样本的 color space。对于 discriminator，发现使用 leaky Relu 更好一点，特别是对于生成高分辨率的图片。最终生成器网络的逻辑如图 22-3 所示。

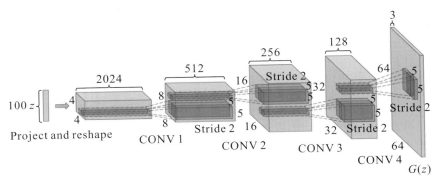

图 22-3 DCGAN 中的生居器网络结构

22.3 DCGAN 在 TensorFlow 的实现及应用

DCGAN 在 TensorFlow 中有相关代码，直接使用这个代码就可以了。配置好环境后（TensorFlow0.12 及以上，scipy、pillow 等常用的包），在 Github 上下载好源码解压；创建 data 文件夹，并将下载好的人物头像数据文件夹 faces 放进来。随后打开命令行窗口，进入项目所在文件夹，输入：

python main.py ——input_height 96 ——input_width 96 ——output_height 48 ——output_width 48 ——dataset anime ——crop ——train ——epoch 300 —— input_fname_pattern "*.jpg"

运行结果如图 22-4 所示。

图 22-4 运行结果（10 个 epochs）

因为只运行了 10 个 epochs，效果不是很好，300 个 epoch 的运行结果见图 22-5。

图 22-5　300 个 epoch 的运行结果

已经可以达到以假乱真的效果了。

22.4　总结延伸

作为一个具有"无限"生成能力的模型，GAN 的直接应用就是建模，生成与真实数据分布一致的数据样本，如可以生成图像、视频等。GAN 也可以用于解决标注数据不足时的学习问题，如无监督学习、半监督学习等。GAN 还可以用于语音和语言处理，如生成对话、由文本生成图像等。下面来看看 GAN 应用案例吧，字迹识别见图 22-6，Q 版人物头像生成见图 22-7，"莫奈在春天醒来""马变斑马""四季更迭"见图 22-8。

图 22-6　字迹识别

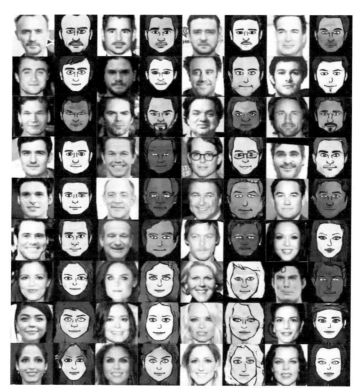

图 22-7　Q版人物头像生成

图 22－8　"莫奈在春天醒来""马变斑马""四季更迭"

23　机器学习模型在钻石价格预测中的应用

23.1　研究背景

  本案例是通过构建钻石价格预测模型来预测未知钻石的价格,并为购买方和销售方提供合理的价格范围。机器学习模型搭建为钻石研究提供准确预测、特征分析、质量评估和市场趋势分析的工具,从而为钻石行业的决策制定者和研究人员提供了有价值的信息。

  本案例对于 Python 代码学习者具有多个优势。首先,通过实践案例,学习者可以将理论知识应用于实际问题,提升他们的编程实践能力。其次,该案例涵盖数据分析和机器学习的应用领域,可帮助学习者了解如何在 Python 中进行数据处理、特征工程、模型构建和预测等任务。最后,学习者可以通过构建钻石价格预测模型,深入理解机器学习算法的原理和应用,并学习如何选择特征、构建模型以及评估模型性能。完成这个案例后,学习者将获得实践项目经验,包括数据处理、模型构建和结果分析等方面,对于他们的职业发展和项目实施经验非常有价值。总的来说,这个案例可为 Python 代码学习者提供实践机会,帮助他们理解机器学习原理、提升数据分析技能,并积累实践项目经验。

23.2　数据处理

23.2.1　导入第三方包

♯以下是本次项目要用到的所有第三方包,包括 numpy、pandas、seaborn、sklearn、matplotlib

```
import numpy as np
import pandas as pd
import seaborn as sns
import matplotlib as mpl
import matplotlib.pyplot as plt
import matplotlib.pylab as pylab
from sklearn.preprocessing import OneHotEncoder, LabelEncoder
from sklearn.model_selection import train_test_split
from sklearn.preprocessing import StandardScaler
from sklearn.decomposition import PCA
from sklearn.pipeline import Pipeline
from sklearn.tree import DecisionTreeRegressor
from sklearn.ensemble import RandomForestRegressor
from sklearn.linear_model import LinearRegression
from xgboost import XGBRegressor
from sklearn.neighbors import KNeighborsRegressor
from sklearn.model_selection import cross_val_score
from sklearn.metrics import mean_squared_error
from sklearn import metrics
```

以上是本次项目要用到的所有第三方包，包括 numpy、pandas、seaborn、sklearn、matplotlib；未安装的读者可以在导入第三方包前加上如下所示的安装代码：

```
pip install seaborn
```

23.2.2　训练集准备及变量说明

这个数据集包含近 54000 颗钻石的价格和其他属性。数据集包含 10 个属性，也包括目标变量：价格。

钻石的特征如图 23-1 所示，接下来对每个变量做简单阐述：

（1）price：价格（326~18823 美元）。这是目标列，包含其他特征的标签。

carat：克拉重量（0.2~5.01）。克拉是钻石的物理重量，以公制克拉为单位。一克拉等于 1/5 克，分为 100 个点。克拉重量是 4C 中最客观的评估指标。

（2）cut：切工（Fair、Good、Very Good、Premium、Ideal）。在评估切工质量时，钻石鉴定师评估切割师在钻石加工方面的技能。钻石切割得越精确，对观察者的吸引力就越大。

（3）color：颜色（从 J 到 D，最差到最好）。宝石级钻石的颜色有多种色调，从无色到浅黄或浅棕色。无色钻石最为稀有。其他自然色彩（如蓝色、红色、粉色等）钻石被称为"彩色钻石"，它们的颜色评级与无色钻石不同。

（4）clarity：净度［I1（最差）、SI2、SI1、VS2、VS1、VVS2、VVS1、IF（最好）］。钻石可以有内部特征（称为内含物）或外部特征（称为瑕疵）。没有内含物或瑕疵的钻石非常罕见。然而，大多数特征只能在放大镜下才能看到。

x：长度（以毫米为单位，范围：0~10.74）。

y：宽度（以毫米为单位，范围：0~58.9）。

z：深度（以毫米为单位，范围：0~31.8）。

（5）total depth percentage：深度。深度百分比 $= z / \text{mean}(x, y) = 2z / (x+y)$（范围：43~79）。钻石的深度是从底部尖端（切底）到顶部平坦表面（切面）的高度（以毫米为单位）。

（6）table：台面。钻石顶部相对于最宽处的宽度（范围：43~95）。钻石的台面指的是钻石正面朝上时可见的平坦切面。

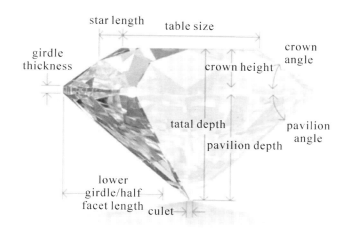

图 23-1 钻石特征

将准备好的训练集导入：

data＝pd.read_csv(r"＊＊＊＊\diamonds.csv")

data.head() ♯打印前五行

得到原始数据集前五行如表 23-1 所示。

表 23-1 原始数据集前五行

	Unnamed：0	carat	cut	color	clarity	depth	table	price	x	y	z
o	1	0.23	Ideal	E	Sl2	61.5	55.0	326	3.95	3.98	2.43
1	2	0.21	Premium	E	SI1	59.8	61.0	326	3.89	3.84	2.31
2	3	0.23	Good	E	VS1	56.9	65.0	327	4.05	4.07	2.31
3	4	0.29	Premium	I	VS2	62.4	58.0	334	4.20	4.23	2.63
4	5	0.31	Good	J	Sl2	63.3	58.0	335	4.34	4.35	2.75

data.shape

结果为（53940，11），说明数据集包含 53940 行和 11 列的数据。

23.2.3 数据预处理

Data.info()是查看数据集的基本信息的方法。它提供了关于数据集的以下信息：数据集的总体概述，包括数据集的行数和列数；每个列的名称和数据类型；每个列中非空值的数量；每个列的内存使用量。

data.info() ♯查看数据集基本信息

输出结果如图 23-2 所示。

```
<class 'pandas.core.frame.DataFrame'>
RangeIndex: 53940 entries, 0 to 53939
Data columns (total 11 columns):
 #   Column      Non-Null Count   Dtype
---  ------      --------------   -----
 0   Unnamed: 0  53940 non-null   int64
 1   carat       53940 non-null   float64
 2   cut         53940 non-null   object
 3   color       53940 non-null   object
 4   clarity     53940 non-null   object
 5   depth       53940 non-null   float64
 6   table       53940 non-null   float64
 7   price       53940 non-null   int64
 8   x           53940 non-null   float64
 9   y           53940 non-null   float64
 10  z           53940 non-null   float64
dtypes: float64(6), int64(2), object(3)
memory usage: 4.5+ MB
```

图 23-2　数据集基本信息

第一列是索引列（"Unnamed：0"），因此将删除它。

data=data.drop(["Unnamed: 0"],axis=1)

"x""y""z"的最小值为零，表明数据中存在表示无尺寸或二维钻石的错误值。因此，需要将这些数据点过滤掉，因为它们明显是错误的数据。

data=data.drop(data[data["x"]==0].index)

data=data.drop(data[data["y"]==0].index)

data=data.drop(data[data["z"]==0].index)

data.shape

结果（53920，10）表示数据集中还剩下 53920 行和 10 列的数据。相较于原来的 53940 条数据，删除了无尺寸的钻石数据共计 20 条。

23.2.4　查看数据

这段代码使用了 Python 的 Seaborn 包来创建一个成对图（pairplot），用于可视化数据中不同属性之间的关系。

shade=["♯835656","♯baa0a0","♯ffc7c8","♯a9a799","♯65634a"] ♯
色调的色号

ax=sns.pairplot(data,hue="cut",palette=shade)

♯此处选择了"cut"作为色调.我们还可以使用值计数较少的其他属性来检
查色调

输出成对图结果如图 23−3 所示。

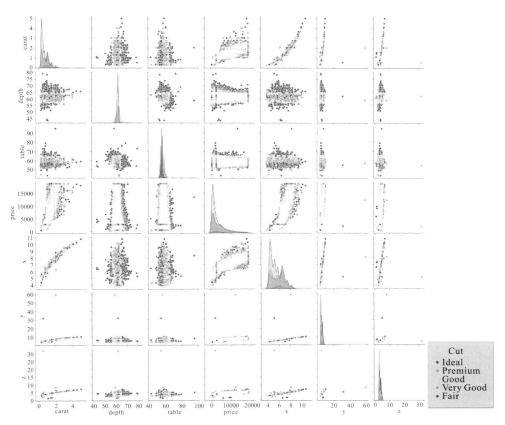

图 23−3　各个属性之间关系的成对图

该成对图可以帮助我们观察数据中不同属性之间的关系，以及它们与"cut"
属性之间的关联。通过不同颜色的表示，可以更好地理解和区分不同"cut"值
的数据点之间的差异和相似性。因此，在这些成对图中需要注意以下几点：

首先，有一些特征的数据点与数据集中的其他数据相差较远，这将影响回
归模型的结果。这些离群点可能是异常值，需要进一步分析和处理。

其次，"y"和"z"在数据集中存在一些尺寸上的异常值，需要将其排除。

这可能是数据采集或输入错误导致的，需要对这些异常值进行处理，以确保数据的准确性和一致性。

最后，"depth"应该有一个上限值，需要仔细观察回归线来确定上限值的选择。这可能涉及对回归线的斜率和数据分布进行进一步分析，以确定合适的上限值。"table"特征也有一个上限值，需要进一步研究回归图以确定上限值的选择。

因此，需要查看回归图来更详细地观察异常值和其他特征之间的关系。通过回归图，可以直观地了解异常值对回归模型的影响，并根据需要采取进一步的数据处理和清洗步骤。

23.2.5　绘制回归图观察异常值

绘制一个回归图，用于显示"price"和"y"之间的关系。

＃创建回归图，展示 "price" 和 "y" 之间的关系

ax＝sns. regplot（x＝"price"，y＝"y"，data＝data，fit_reg＝True，scatter_kws＝{"color"："＃a9a799"}，line_kws＝{"color"："＃835656"}）

＃设置图的标题为 "Regression Line on price vs 'y'"，颜色为深绿色

ax. set_title（"Regression Line on price vs 'y'"，color＝"＃4e4c39"）

回归结果如图 23－4 所示。

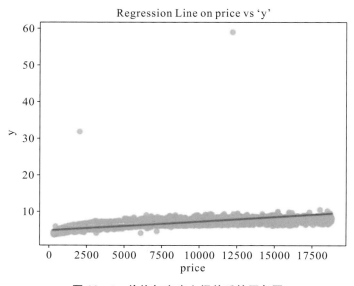

图 23－4　价格与宽度之间关系的回归图

绘制一个回归图，用于显示"price"和"z"之间的关系。

ax＝sns.regplot(x＝"price", y＝"z", data＝data, fit_reg＝True, scatter_kws＝{"color"："♯a9a799"}, line_kws＝{"color"："♯835656"})

ax.set_title("Regression Line on price vs 'z'", color＝"♯4e4c39")

回归结果如图 23－5 所示。

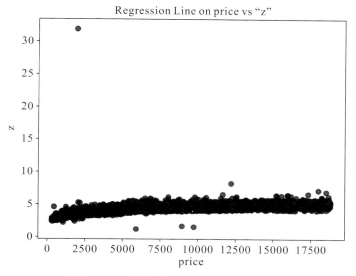

图 23－5　价格与高度之间关系的回归图

绘制回归图，展示"depth"和"price"之间的关系：

ax＝sns.regplot(x＝"price", y＝"depth", data＝data, fit_reg＝True, scatter_kws＝{"color"："♯a9a799"}, line_kws＝{"color"："♯835656"})

ax.set_title("Regression Line on price vs Depth", color＝"♯4e4c39")

回归结果如图 23－6 所示。

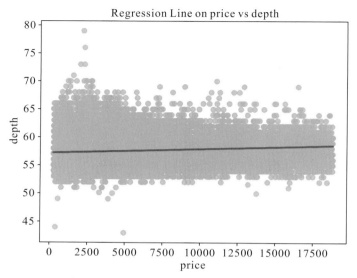

图 23-6　价格与深度之间关系的回归图

绘制回归图，展示"depth"和"table"之间的关系：

ax＝sns. regplot(x＝"depth", y＝"table", data＝data, fit_reg＝True, scatter_kws＝{"color"："♯a9a799"}, line_kws＝{"color"："♯835656"})

ax. set_title("Regression Line on depth vs table", color＝"♯4e4c39")

回归结果如图 23-7 所示。

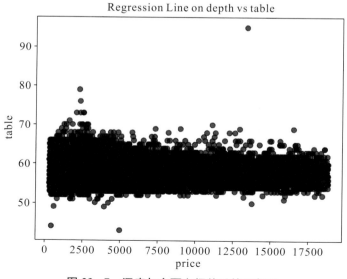

图 23-7　深度与台面之间关系的回归图

在回归图中，可以明显地看到这些属性中存在异常值（outliers）。因为这些异常值可能会对建模和分析产生负面影响，所以接下来的步骤将是删除这些异常值所对应的数据点，以提高数据的准确性和可靠性。

```
＃移除异常值
＃删除具有 depth 大于75或小于45的数据点
data＝data[(data["depth"] < 75) & (data["depth"] > 45)]
＃删除 table 大于80或小于40的数据点
data＝data[(data["table"] < 80) & (data["table"] > 40)]
＃删除具有 x 值大于30的数据点
data＝data[(data["x"] < 30)]
＃删除具有 y 值大于30的数据点
data＝data[(data["y"] < 30)]
＃删除具有 z 值大于30或小于2的数据点
data＝data[(data["z"] < 30) & (data["z"] > 2)]
＃展示移除异常值后的数据情况
data.shape
```

移除后，得到剩下的偏离不大的数据情况为（53907，10），说明相较于原来的 53920 条数据，删除了异常的钻石数据共计 13 条。

在通过回归法对数据进行异常值处理后，将继续观察数据的成对图。通过对数据进行异常值处理，剔除了回归中的异常值，现在通过成对图来进一步观察数据中各属性之间的关系。成对图可以直观地展现数据的分布、相关性和可能存在的模式。通过观察成对图，可以获得更全面的数据，以支持后续的分析和建模工作。

```
＃创建成对图,用于展示数据集中各个属性两两之间的关系
ax＝sns.pairplot(data, hue="cut", palette="shade")
```

得到成对图结果如图 23－8 所示。

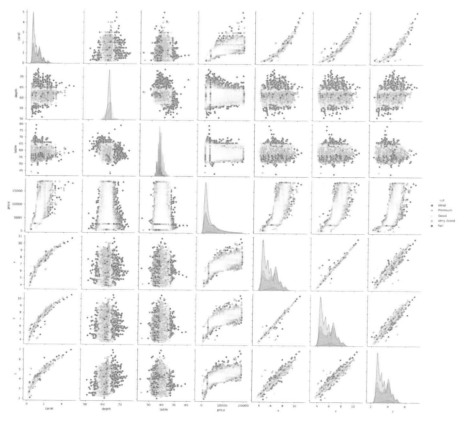

图 23-8 异常值处理后的成对图结果

在经过异常值处理后，数据集变得更加整洁和可靠，接下来将处理分类变量。这是数据预处理的一个重要步骤，它可以更好地理解和利用这些变量的信息。

23.2.6 分类变量处理

在构建机器学习模型时，分类变量通常需要进行适当的处理。一些机器学习算法只能处理数值型数据，因此需要对分类变量进行编码，例如独热编码或标签编码。获取数据集中的分类变量可以帮助确定需要进行编码的变量，并在建模过程中使用正确的数据表示。因此，对每个数据类型进行相关的解析和检查是很重要的。

♯检查数据集中每个列的数据类型是否为对象类型(字符串或混合类型)
s=(data.dtypes=="object")

#使用布尔索引获取数据类型为对象类型的列,并将其转换为列表

object_cols=list(s[s].index)

#打印输出提示信息,显示数据集中的分类变量

print("Categorical variables:")

print(object_cols)

可以识别和获取数据集中的分类变量，并将它们存储在 object_cols 列表中。分类变量在数据分析和建模中通常需要进行特殊处理，因此这个列表可以帮助后续进一步处理这些变量的编码和转换。通过打印输出，可以查看数据集中的分类变量的列表。得到结果如下：

Categorical variables: ['cut','color','clarity']

接下来，将对每个分类变量进行解析。通过创建小提琴图，以直观地展示不同分类变量对应的"price"（价格）分布情况。小提琴图通过密度曲线和盒图的组合，可以同时显示出数据的分布形状和统计摘要信息，得以观察和比较不同值的价格范围和分布特征。

首先，是"cut"值的分布情况：

#设置绘图的大小为12*8英寸

plt.figure(figsize=(12,8))

#创建小提琴图,用于展示"cut"与"price"之间的关系

#x="cut"表示使用"cut"作为 x 轴变量,y="price"表示使用"price"作为 y 轴变量

#data=data 表示使用数据集"data"进行绘图,palette=shade 表示使用"shade"调色板进行颜色设置

#scale="count"表示根据样本数量自动调整小提琴图的宽度

ax=sns.violinplot(x="cut", y="price", data=data, palette=shade, scale="count")

#设置图表标题为"Violinplot For cut vs price",颜色为"#4e4c39"

ax.set_title("Violinplot For cut vs price", color="#4e4c39")

#设置 y 轴标签为"price",颜色为"#4e4c39"

ax.set_ylabel("price", color="#4e4c39")

#设置 x 轴标签为"cut",颜色为"#4e4c39"

ax.set_xlabel("cut", color="#4e4c39")

输出结果如图 23-9 所示。

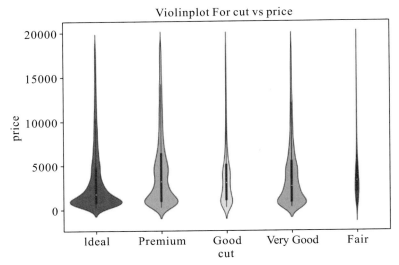

图 23-9   cut 不同特征下的价格分布小提琴图

其次，是"color"值的分布情况：

\#设置绘图的大小为12*8英寸

plt. figure(figsize=(12,8))

\#定义颜色调色板,用于设置小提琴图的颜色

shade_1 = ["♯835656"," ♯ b38182"," ♯ baa0a0 "," ♯ ffc7c8 "," ♯ d0cd85","♯a9a799","♯65634a"]

\#创建小提琴图,用于展示"color"与"price"之间的关系

\#x="color"表示使用"color"作为 x 轴变量,y="price"表示使用"price"作为 y 轴变量

\#data=data 表示使用数据集"data"进行绘图,palette=shade_1表示使用自定义的颜色调色板进行颜色设置

\#scale="count"表示根据样本数量自动调整小提琴图的宽度

ax=sns. violinplot(x="color", y="price", data=data, palette=shade_1, scale="count")

\#设置图表标题为"Violinplot For color vs price",颜色为"♯4e4c39"

ax. set_title("Violinplot For color vs price", color="♯4e4c39")

\#设置 y 轴标签为"price",颜色为"♯4e4c39"

ax. set_ylabel("price", color="♯4e4c39")

＃设置 x 轴标签为"color",颜色为"＃4e4c39"

ax. set_xlabel("color", color="＃4e4c39")

输出结果如图 23－10 所示。

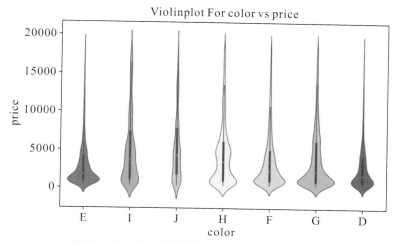

图 23－10 **color** 不同特征下的价格分布小提琴图

最后，是"clarity"的分布情况：

＃设置绘图的大小为12*8英寸

plt. figure(figsize=(12,8))

＃定义颜色调色板,用于设置小提琴图的颜色

shade_2=["＃835656","＃b38182","＃baa0a0","＃ffc7c8","＃f1f1f1","＃d0cd85","＃a9a799","＃65634a"]

＃创建小提琴图,用于展示"clarity"与"price"之间的关系

＃x="clarity"表示使用"clarity"作为 x 轴变量,y="price"表示使用"price"作为 y 轴变量

＃data=data 表示使用数据集"data"进行绘图,palette=shade_2表示使用自定义的颜色调色板进行颜色设置

＃scale="count"表示根据样本数量自动调整小提琴图的宽度

ax=sns. violinplot(x="clarity", y="price", data=data, palette=shade_2, scale="count")

＃设置图表标题为"Violinplot For clarity vs price",颜色为"＃4e4c39"

ax. set_title("Violinplot For clarity vs price", color="＃4e4c39")

＃设置 y 轴标签为"price",颜色为"＃4e4c39"

ax. set_ylabel("price",color="♯4e4c39")

♯设置 x 轴标签为"clarity",颜色为"♯4e4c39"

ax. set_xlabel("clarity",color="♯4e4c39")

输出结果如图 23-11 所示。

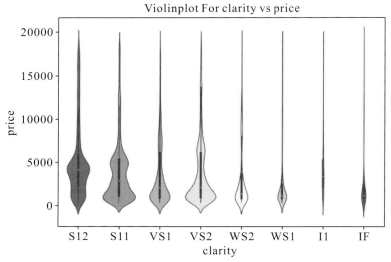

图 23-11　clarity 不同特征下的价格分布小提琴图

23.3　转换为数值标签

"Lable encoding"（标签编码）是一种常用的数据预处理技术，用于将具有分类标签的数据转换为数值形式，以便用于机器学习算法的输入。该技术通常用于处理具有"object"（对象）数据类型的特征。

当数据集中包含分类变量（如颜色、类型、类别等）时，这些变量通常以"object"数据类型存储。然而，大多数机器学习算法要求输入为数值形式，因此需要将这些分类变量转换为数值标签。这就是标签编码的作用。

标签编码的基本思想是为每个不同的分类标签分配一个唯一的整数值。例如，对于一个颜色变量，可以将红色编码为 0，绿色编码为 1，蓝色编码为 2，以此类推。这样，原本以文本形式表示的分类变量就可以用数值表示。

♯创建一个数据的副本,以避免修改原始数据

label_data=data. copy()

＃对每个包含分类数据的列应用标签编码

＃创建一个 LabelEncoder 对象

label_encoder＝LabelEncoder( )

＃针对每个分类列，使用 LabelEncoder 对其进行标签编码

for col in object_cols：

＃将 label_encoder 应用于 label_data 的 col 列，并将编码后的结果存储回 col 列

　　　label_data[col]＝label_encoder. fit_transform(label_data[col])

＃显示编码后的数据的前几行

label_data. head( )

结果如表 23－3 所示。

表 23－3　转化为数值型标签后的前几行数据表（一）

	carat	cut	color	clarity	depth	table	price	x	y	z
0	0.23	2	1	3	61.5	55.0	326	3.95	3.98	2.43
1	0.21	3	1	2	59.8	61.0	326	3.89	3.84	2.31
2	0.23	1	1	4	56.9	65.0	327	4.05	4.07	2.31
3	0.29	3	5	5	62.4	58.0	334	4.20	4.23	2.63
4	0.31	1	6	3	63.3	58.0	335	4.34	4.35	2.75

可以看到，在进行标签编码后，cut、color 和 clarity 从原本的字符型标签转变成了数值型标签。接下来对转换后的数据表进行一次数据统计：

data. describe( )

结果如表 23－4 所示。

表 23－4　转化为数值型标签后的前几行数据表（二）

	carat	depth	table	price	x	y	z
count	53907	53907	53907	53907	53907	53907	53907
mean	0.797628	61.749741	57.455948	3930.584470	5.731463	5.733292	3.539441
std	0.473765	1.420119	2.226153	3987.202815	1.119384	1.111252	0.691434
min	0.200000	50.800000	43.000000	326.000000	3.730000	3.680000	2.060000
25%	0.400000	61.000000	56.000000	949.000000	4.710000	4.720000	2.910000
50%	0.700000	61.800000	57.000000	2401.000000	5.700000	5.710000	3.530000
75%	1.040000	62.500000	59.000000	5322.000000	6.540000	6.540000	4.040000
max	5.010000	73.600000	79.000000	18823.000000	10.740000	10.540000	6.980000

通过创建一个相关系数矩阵的热力图，用于可视化标签编码后的数据的特征之间的相关性。我们可以直观地查看标签编码后的数据的特征之间的相关性。

```
#使用 sns.diverging_palette 创建一个调色板,用于设置热力图的颜色
cmap＝sns.diverging_palette(70,20,s＝50,l＝40,n＝6,as_cmap＝True)
#计算标签编码后的数据的相关系数矩阵
corrmat＝label_data.corr()
#创建一个12x12英寸大小的子图
f,ax＝plt.subplots(figsize＝(12,12))
#使用 sns.heatmap 绘制热力图
#corrmat 表示要绘制的相关系数矩阵
#cmap 表示要使用的颜色映射,即之前创建的调色板 cmap
#annot＝True 表示在热力图上显示相关系数的数值
sns.heatmap(corrmat,cmap＝cmap,annot＝True)
```

结果如图 23−12 所示。

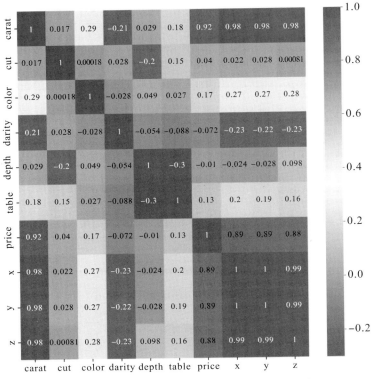

图 23−12　标签编码后的数据的相关系数矩阵热力图

热力图的颜色和数值表示了相关系数的大小和方向，帮助我们理解不同特征之间的线性关系。这有助于我们进一步分析数据、选择特征或者进行特征工程。可以发现的是：

首先，特征"x""y"和"z"与目标列之间显示出很高的相关性。这意味着这些特征与目标之间存在强烈的线性关系。可能是因为这些特征与钻石的尺寸相关，而尺寸通常对钻石的价格有很大影响。

其次，特征"depth""cut"和"table"与目标列之间显示出较低的相关性。这意味着这些特征与目标之间的线性关系较弱。虽然它们的相关性较低，但我们决定保留它们，不将其删除。这可能是因为这些特征与钻石的其他方面（如切割质量、台面宽度等）有关，但对于预测钻石价格来说可能不是关键因素。

综上所述，我们观察到钻石的尺寸特征（"x""y"和"z"）与价格之间存在较强的相关性，而其他特征［如切割质量（cut）、台面宽度（table）等］与价格之间的相关性较弱。这些观察结果可以帮助我们更好地理解数据和特征之间的关系，以便进行后续的数据分析和建模工作。

23.4　搭建机器学习模型

23.4.1　划分数据集

```
#Assigning the features as X and target as y
#将特征分配给变量 X,去除 "price" 列
X=label_data.drop(["price"],axis=1)
#将目标变量分配给变量 y,只包含 "price" 列
y=label_data["price"]
#将数据集划分为训练集和测试集
#X_train 和 y_train 是训练集的特征和目标
#X_test 和 y_test 是测试集的特征和目标
#test_size=0.25表示测试集占总数据集的 25%
#random_state=7用于设置随机种子,以确保可重复性
X_train, X_test, y_train, y_test = train_test_split(X, y, test_size=0.25, random_state=7)
```

通过划分训练集和测试集，我们可以在训练集上拟合模型，并在测试集上进行评估，以了解模型的泛化能力和性能。这有助于我们判断模型是否过拟合或欠拟合，并对模型进行调优和选择最佳模型。

23.4.2　训练模型

流水线（Pipeline）是机器学习中的一个概念，它用于将多个数据处理步骤和模型训练步骤组合在一起，形成一个整体的工作流程。流水线可以方便地将数据预处理、特征工程和模型训练等步骤串联起来，使得代码更加整洁、可读性更高，并且可以简化模型部署和使用。

每个流水线中的步骤按照顺序依次执行，前一个步骤的输出将作为后一个步骤的输入。通过将多个步骤组合成流水线，可以在整个流程中进行数据转换和模型训练，使得代码更加模块化和可维护。

在循环中，每个流水线都通过"fit()"方法使用训练集进行拟合，从而对模型进行训练。这样可以在每个流水线中训练不同的回归模型，并对它们进行性能比较和评估，以选择最佳的模型。代码如下：

```
#创建包含标准化和回归模型的流水线:线性回归
pipeline_lr=Pipeline([
    ("scalar1",StandardScaler()),    #特征标准化
    ("lr_classifier",LinearRegression())    #线性回归模型
])
#创建包含标准化和回归模型的流水线:决策树回归
pipeline_dt=Pipeline([
    ("scalar2",StandardScaler()),    #特征标准化
    ("dt_classifier",DecisionTreeRegressor())    #决策树回归模型
])
#创建包含标准化和回归模型的流水线:随机森林回归
pipeline_rf=Pipeline([
    ("scalar3",StandardScaler()),    #特征标准化
    ("rf_classifier",RandomForestRegressor())    #随机森林回归模型
])
#创建包含标准化和回归模型的流水线:K近邻回归
pipeline_kn=Pipeline([
    ("scalar4",StandardScaler()),    #特征标准化
```

```
    ("rf_classifier", KNeighborsRegressor())    ♯K 近邻回归模型
])
♯创建包含标准化和回归模型的流水线:XGBoost 回归
pipeline_xgb = Pipeline([
    ("scalar5", StandardScaler()),    ♯特征标准化
    ("rf_classifier", XGBRegressor())    ♯XGBoost 回归模型
])
♯所有流水线的列表
pipelines = [pipeline_lr, pipeline_dt, pipeline_rf, pipeline_kn, pipeline_xgb]
♯字典,用于方便引用流水线和模型类型
pipe_dict = {0:"LinearRegression", 1:"DecisionTree", 2:"RandomForest", 3:
"KNeighbors", 4: "XGBRegressor"}
♯训练流水线中的模型
for pipe in pipelines:
pipe.fit(X_train, y_train)
```

通过构建多个流水线，每个流水线由标准化器（Standard Scaler）和一个
回归模型组成。通过创建多个流水线，可以方便地比较不同的回归模型在相同
的数据集上的性能。

考虑到代码本身展现的复杂性，在此向各位读者再阐述一遍此代码的作
用。在这段代码中，每个流水线由一系列的步骤组成，其中包括特征标准化和
回归模型。具体步骤如下：

（1）特征标准化。使用 StandardScaler() 对特征进行标准化处理，将其转
换为均值为 0、标准差为 1 的标准正态分布。标准化可以使得不同特征具有相
同的尺度，避免某些特征对模型训练的影响更大。

（2）回归模型。在特征标准化之后，使用不同的回归模型进行训练，包括
线性回归（LinearRegression）、决策树回归（DecisionTreeRegressor）、随机
森林回归（RandomForestRegressor）、K 近邻回归（KNeighborsRegressor）
和 XGBoost 回归（XGBRegressor）。

23.4.3　交叉验证选择模型

交叉验证（Cross-validation）是一种常用的模型评估技术，用于评估机
器学习模型的性能和泛化能力。它通过将数据集分成多个子集来进行模型训练
和评估，从而更准确地估计模型在未见过的数据上的表现。

在交叉验证中，通常会将数据集划分为 K 个互不重叠的折叠（folds），其中 K 是一个预先定义的数值。然后，依次使用 K−1 则作为训练集，剩下的 1 折作为验证集，重复这个过程 K 次，直到每个折叠都充当了一次验证集。最后，将 K 次验证结果的平均值作为模型的性能指标。

通过计算每个模型在交叉验证中的平均均方根误差（neg_root_mean_squared_error），可以比较不同模型的性能表现。较低的均方根误差值表示模型在训练数据上的拟合效果较好。

```
cv_results_rms=[]
for i,model in enumerate(pipelines):
    cv_score=cross_val_score(model,X_train,y_train,scoring="neg_root_mean_squared_error",cv=10)
    cv_results_rms.append(cv_score)
    print("%s: %f " % (pipe_dict[i],cv_score.mean()))
#创建一个空列表,用于存储每个模型的交叉验证结果
cv_results_rms=[]
#遍历每个流水线及其对应的索引
for i,model in enumerate(pipelines):
    #对每个模型进行交叉验证,计算负均方根误差(neg_root_mean_squared_error)
    cv_score=cross_val_score(model,X_train,y_train,scoring="neg_root_mean_squared_error",cv=10)
    #将交叉验证结果添加到列表中
    cv_results_rms.append(cv_score)
    #打印每个模型的平均 RMSE 值
    print("%s: %f " % (pipe_dict[i],cv_score.mean()))
```

计算结果如下，可以得到各个模型的 RMSE 值：

LinearRegression: −1348.811

DecisionTree: −753.578

RandomForest: −547.61

KNeighbors: −823.65

XGBRegressor: −545.45

综合分析，根据均方根误差的比较，RandomForest 和 XGBRegressor 模

型在钻石项目中的表现相对较好，具有较低的预测误差，可能较好地拟合了数据。决策树模型也表现不错，但相对于随机森林和 XGBoost 模型来说，可能存在一些过拟合的风险。线性回归和 K 近邻模型的性能相对较差，可能无法很好地捕捉钻石数据中的复杂关系。因此，建议在钻石项目中优先考虑RandomForest 和 XGBRegressor 模型作为预测模型。

23.5　模型测试与评估

通过以上分析，XGboost 是在均方根误差上得分最高的模型。让我们在一个测试集上测试这个模型，并使用不同的参数进行评估。

```
# 在测试集上进行预测
pred=pipeline_xgb.predict(X_test)
```

通过以上代码，我们可以获取 XGBClassifier 模型在测试数据上的预测结果，以便进行后续的评估和分析。

```
# 算 R^2(确定系数),用于评估模型性能
print("R^2:", metrics.r2_score(y_test, pred))
# 计算调整后的 R^2,考虑特征数量和样本大小
adj_r2=1-(1-metrics.r2_score(y_test, pred))*(len(y_test)-1)/(len(y_test)
-X_test.shape[1]-1)
print("调整后的 R^2:", adj_r2)
# 计算 MAE(平均绝对误差),衡量预测值与真实值之间的平均绝对差异
mae=metrics.mean_absolute_error(y_test, pred)
print("MAE:", mae)
# 计算 MSE(均方误差),衡量预测值与真实值之间的平均平方差异
mse=metrics.mean_squared_error(y_test, pred)
print("MSE:", mse)
# 计算 RMSE(均方根误差),即 MSE 的平方根,提供了更易于理解的预测
误差度量
rmse=np.sqrt(metrics.mean_squared_error(y_test, pred))
print("RMSE:", rmse)
```

通过计算，可知如下结果：

R^2 的值为 0.981084，表明模型能够解释目标变量约 98.1% 的方差，这是一个很高的值。通常情况下，R^2 接近 1 表示模型对目标变量的拟合非常好。

调整后的 R^2 的值为 0.981072，考虑了特征数量和样本大小的影响。与 R^2 相比，调整后的 R^2 更准确地表示了模型在未见样本上的拟合能力。这个值也非常接近于 1，说明模型的拟合能力很强。

MAE（平均绝对误差）的值为 278.09，表示模型的平均预测误差为约 278.1。MAE 越小表示模型的预测结果与真实值的差异越小，因此这个值可以认为是比较准确的。

MSE（均方误差）的值为 296738.36，表示模型的平均预测误差的平方为约 296738.4。MSE 的值越小表示模型的预测结果与真实值的差异越小，因此这个值可以认为是比较准确的。

RMSE（均方根误差）的值为 544.73，它是 MSE 的平方根。RMSE 的值与目标变量具有相同的单位，并且更容易解释。这个值较小，说明模型的预测结果与真实值的差异相对较小。

综合来看，根据提供的测试结果，可以初步认为该模型在预测目标变量方面具有较高的准确性和拟合能力。

第4部分

Python娱乐篇

24　制作四川大学照片墙

24.1　引言

在现代社交媒体的时代，照片已成为记录和分享生活的重要方式之一。创建一个照片墙，将多张照片有机地组合在一起，不仅能回顾美好的记忆，还能展示创造力和个性。然而，手动创建照片墙往往是一项耗时而复杂的任务。接下来本书将借助 Python 这一强大的编程语言来简化这个过程，并实现自动化的照片墙生成。

24.2　实现过程

第一步，先从 Google 上爬取一些四川大学的相关图片，在终端运行：

pip install google_images_download

安装好后就可以开始下载图片。Google 爬取下来的图片虽然都和四川大学相关，但常常不会包含很多四川大学具有代表性的图片，例如四川大学标志性的红色北门、四川大学荷花池的特写等，所以如果爬取的图片代表性不强，建议手动增加一些代表性的图片，使得照片墙更有意义。同时建议爬取的图片数量不要太少，否则照片墙上会充满大量重复的图片，略显单调。下面仍然以从 Google 上爬取图片为例：

google images download −k "四川大学" −l 30

其中各参数含义为：

−k：用 Google 搜索图片的关键词。

−1：制作照片墙需要下载的图片数量。

第二步，从 Google 上得到的四川大学的图片名可能有怪码，可以通过自动命名，让文件名更加整洁。下面将下载下来的图片进行批量重命名，这一步不需要在终端运行：

```
import os
#设置目标文件夹路径
target_path='./四川大学图片'
#遍历目标文件夹中的每个文件并进行重命名
for idx,each in enumerate(os.listdir(target_path)):
        #构建新的文件名,使用图片的索引作为文件名
        new_filename=f'{idx}.jpg'
        #获取旧文件的完整路径和新文件的完整路径
        old_filepath=os.path.join(target_path,each)
        new_filepath=os.path.join(target_path,new_filename)
        #执行文件重命名操作
        os.rename(old_filepath,new_filepath)
```

如图 24−1 所示，如此便得到从 0 开始依次命名的四川大学图片库，即原始数据。

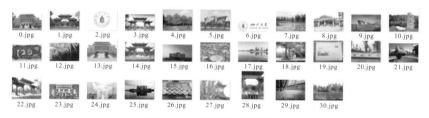

图 24−1　四川大学图片库

第三步，以上两个步骤得到图片大小不一，做出来的照片墙无法满足统一性的需求，所以在正式进入照片墙的制作环节前，需要进行读取图片、数据清洗，使图片符合格式要求。

```
#导入 PIL 库,用于图像处理
from PIL import Image
#定义函数:读取图像并调整大小
defread Image(img_path,target_size=(64,64)):
```

#打开图像文件

img=Image. open(img_path)

#调整图像大小为指定大小

img=img. resize(target_size)

#返回调整后的图像对象

  returnimg

完成对于图像的统一处理后，使用 for 循环来进行批量读取：

#定义函数:逐次获取图像并调整大小

defyieldImage(target_dir, idx, target_size):

  #获取目标文件夹中所有图像的路径,按字母顺序排列

img_paths=sorted([os. path. join(target_dir, imgname) for imgname in os. listdir(target_dir)])

  #循环索引以确保不超出范围

  idx=(idx+1) % len(img_paths)

  #读取并调整图像大小

img=readImage(img_paths[idx], target_size)

#返回调整后的图像对象和下一个图像索引

return img, idx

第四步，完成前期的准备工作后，接下来就是如何让四川大学的照片按照想法陈列在指定的位置，这个时候要做出一个模板文件，通过程序解析来将照片安排在想要的位置。为了让每一张图片按照既定位置进行排列，需要利用 Python 建立一张如图 24-2 所示的空图，接着通过对图片进行位置标记，来设定需要填充的单元格。

位置1	位置2	位置3	位置4	位置5
位置6	位置7	位置8	位置9	位置10
位置11	位置12	位置13	位置14	位置15
位置16	位置17	位置18	位置19	位置20

图 24－2　图片位置

主动地定义一个 01 矩阵，0 所在的位置代表着不在上面放照片，1 所在的位置代表着安排了四川大学图片的位置，所有的 1 连起来是 520 SCU，那么最后将所选图片按矩阵形状"520 SCU"排列，如图 24－3 所示，1 所在的位置即组成了"520 SCU"的字样。

```
文件(F)  编辑(E)  格式(O)  查看(V)  帮助(H)
# 520
0,0,0,0,0,0,0,0,0,0,0,0,0,0,0,0,0,0,0,0,0,0
0,1,1,1,1,1,0,0,1,1,1,1,1,0,0,1,1,1,1,1,0
0,1,0,0,0,0,0,0,0,0,0,0,1,0,0,1,0,0,0,1,0
0,1,0,0,0,0,0,0,0,0,0,0,1,0,0,1,0,0,0,1,0
0,1,1,1,1,1,0,0,1,1,1,1,1,0,0,1,0,0,0,1,0
0,0,0,0,0,1,0,1,0,0,0,0,0,0,0,1,0,0,0,1,0
0,0,0,0,0,1,0,1,0,0,0,0,0,0,0,1,0,0,0,1,0
0,1,1,1,1,1,0,0,1,1,1,1,1,0,0,1,1,1,1,1,0
0,0,0,0,0,0,0,0,0,0,0,0,0,0,0,0,0,0,0,0,0
0,0,0,0,0,0,0,0,0,0,0,0,0,0,0,0,0,0,0,0,0
0,0,0,0,0,0,0,0,0,0,0,0,0,0,0,0,0,0,0,0,0
#
0,0,1,1,1,1,0,0,1,1,1,1,1,0,0,1,0,0,0,1,0
0,0,1,0,0,1,0,1,0,0,0,0,0,0,1,0,0,0,0,1,0
0,0,1,0,0,0,0,1,0,0,0,0,0,0,1,0,0,0,0,1,0
0,1,1,1,1,0,0,1,0,0,0,0,0,0,1,0,0,0,0,1,0
0,0,0,0,0,1,0,1,0,0,0,0,0,0,1,0,0,0,0,1,0
0,0,0,0,0,1,0,1,0,0,0,0,0,0,1,0,0,0,0,1,0
0,0,1,1,1,1,0,0,1,1,1,1,1,0,0,1,1,1,1,1,0
```

图 24－3　01 矩阵

＃定义函数：解析模板文件

def parseTemplate（template_path）：

＃创建一个空的模板列表，用于存储解析后的数据

```
        template=[]
            #使用 'with' 语句打开模板文件,确保在结束后文件会正确关闭
with open(template_path,'r') as f:
#逐行读取文件内容
            for line in f.readlines():
                # 如果行以 '#' 开头,表示注释,跳过该行
                if line.startswith('#'):
                    continue
#去除换行符,以逗号分隔并添加到模板列表中
                template.append(line.strip('\n').split(','))
#返回解析后的模板数据
        return template
```

完成以上对于数据的处理后,运行主函数便可以得到照片墙。

```
'''主函数'''
#定义函数:主要逻辑
def main(pictures_dir,template_path):
        #解析模板文件,获取模板数据
        template=parseTemplate(template_path)
        #计算模板的宽度和高度
        w=len(template[0])
        h=len(template)
        #创建一个新的 RGBA 图像,用于拼接图片
        image_new=Image.new('RGBA',(CELLSIZE*w,CELLSIZE*h))
#初始化图片索引
img_idx=-1
        #遍历模板的每一行和每一列,根据模板信息拼接图片
        for y in range(h):
            for x in range(w):
#如果模板中的值为 '1',表示需要添加图片
                if template[y][x]=='1':
img, img _ idx = yieldImage ( pictures _ dir, img _ idx, ( CELLSIZE,
CELLSIZE))
```

♯将图片粘贴到指定位置

    image_new. paste(img, (x*CELLSIZE, y*CELLSIZE))

 ♯显示拼接后的图像墙

image_new. show( )

 ♯保存图像墙为 PNG 文件

image_new. save('picturewall. png')

最终效果图见图 24－4。

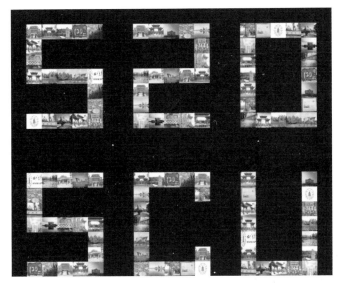

图 24－4 最终效果图

25 为女生挑选一支口红

25.1 引言

在现代社交文化中，口红早已成为一种富有浪漫情感的礼物选择。然而，选择一款完美契合女生口红喜好的产品却可能是一项具有挑战性的任务。运用 Python 数据分析技术可以更好地了解女生的口红偏好，以便男生能够挑选到更贴心的礼物。

本案例旨在通过分析电商的口红销售数据，利用 Python 的数据处理和分析工具，为用户提供个性化的口红推荐。通过深入挖掘口红的色彩搭配、成分特点以及用户评价等信息，减少决策时的烦恼。

25.2 Python 数据分析

25.2.1 数据爬取

爬取网页数据涉及访问网页、解析 HTML 内容等操作。以下是使用 Python 爬取京东口红各种品类数据的一个简单示例，使用的是 Selenium 包。Selenium 最初是一个自动化测试工具，而爬虫中使用它主要是为了解决 requests 无法直接执行 JavaScript 代码的问题，Selenium 本质是通过驱动浏览器，完全模拟浏览器的操作，比如跳转、输入、点击、下拉等，其可支持多种浏览器。

通过 Selenium 来模拟用户进行反爬的操作，代码如下：

```
＃创建 CSV 文件并写入表头
```

```python
csv_file=open('唇釉1csv', mode='a', newline='', encoding='utf-8')
csv_writer=csv.writer(csv_file)
csv_writer.writerow(['Name', 'Price', 'Comment', 'Store'])
driver=webdriver.Chrome()
driver.get('https://search.jd.com/search?keyword=%E5%94%87%E9%87%89&qrst=1&wq=%E5%94%87%E9%87%89&stock=1&ev=exprice_107-364%5E&pvid=422b095b8bcc4e218b9c743a473fe0ac&isList=0&page=139&s=4136&click=0&log_id=1698418511377.3647')
driver.implicitly_wait(10)
footer=driver.find_element(By.CSS_SELECTOR, ".jd-help")
# 滚动滚动条,加载商品
def drop_down():
    driver.execute_script('arguments[0].scrollIntoView()', footer)
    time.sleep(3)
def get_shop_info():
    drop_down()
    # 首次提取商品
    lipsticks=driver.find_elements(By.CSS_SELECTOR, '.gl-item')
    # 二次提取商品
    for lipstick in lipsticks:
        name=lipstick.find_element(By.CSS_SELECTOR, '.p-name').text
        price=lipstick.find_element(By.CSS_SELECTOR, '.p-price').text
        comment=lipstick.find_element(By.CSS_SELECTOR, '.p-commit').text
        store=lipstick.find_element(By.CSS_SELECTOR, '.p-shop').text
        csv_writer.writerow([name, price, comment, store])
        print(name, price, comment, store)
for page in range(1,100):
    print(f'========正在采集第{page}页的数据内容========')
    get_shop_info()
    next_page=driver.find_element(By.CSS_SELECTOR, '.pn-next')
    next_page.click()
input()
```

25.2.2　数据清洗

在爬取了京东的24906条数据后发现，许多数据并不符合预期要求，缺少关键信息以供分析，所以要对庞大的数据源进行数据清洗。

具体代码操作如下：

```
#导入口红数据
df_lipstick1 = pd.read_csv(r"D:\PycharmProjects\pythonProject\my_utils\口红.csv")

df_lipstick2 = pd.read_csv(r"D:\PycharmProjects\pythonProject\my_utils\口红2.csv")

df_lipstick3 = pd.read_csv(r"D:\PycharmProjects\pythonProject\my_utils\口红3.csv")

df_lipstick4 = pd.read_csv(r"D:\PycharmProjects\pythonProject\my_utils\口红4.csv")

#导入唇釉部分数据
df_lipglaze1 = pd.read_csv(r"D:\PycharmProjects\pythonProject\my_utils\唇釉1csv")

df_lipglaze2 = pd.read_csv(r"D:\PycharmProjects\pythonProject\my_utils\唇釉2csv")

df_lipglaze3 = pd.read_csv(r"D:\PycharmProjects\pythonProject\my_utils\唇釉1csv.csv")

#导入唇泥部分数据
df_lipgloss1 = pd.read_csv(r"D:\PycharmProjects\pythonProject\my_utils\唇泥 csv")

df_lipgloss2 = pd.read_csv(r"D:\PycharmProjects\pythonProject\my_utils\唇泥2csv")

df_lipgloss3 = pd.read_csv(r"D:\PycharmProjects\pythonProject\my_utils\唇泥3.csv")

#合并三份数据
df = pd.concat([df_lipstick1, df_lipstick2, df_lipstick3, df_lipstick4, df_lipgloss1, df_lipgloss2, df_lipgloss3, df_lipglaze1, df_lipglaze2, df_lipglaze3])

df = df.reset_index(drop=True)
```

首先，对数据内容进行合并处理，来检索具有相同含义的关键词商品，将数据进行整合处理。

```python
#删除重复值
df.drop_duplicates(inplace=True)
#删除comment列中的"+"
df['Comment']=df['Comment'].str.replace('+',")
#处理评价数量
def convert_evaluation(evaluation):
    if '万' in evaluation:
        evaluation=evaluation.replace('万',")
        if '+' in evaluation:
            evaluation=evaluation.replace('+',")
        try:
            evaluation=int(float(evaluation)*10000)
        except ValueError:
            evaluation=0
    else:
        if '+' in evaluation:
            evaluation=evaluation.replace('+',")
        try:
            evaluation=int(evaluation)
        except ValueError:
            evaluation=0
    return evaluation
df['Evaluation']=df['Comment'].apply(convert_evaluation)
#将评价数量中的万替换为0000
df['Comment']=df['Comment'].str.replace('万','0000')
#处理评价数量单位和条评价
df['Comment']=df['Comment'].str.replace('\d+\.?\d*万\+?条评价',").str.replace('条评价',")
#保存合并后的数据
df.to_csv(r"D:\PycharmProjects\pythonProject\my_utils\合并.csv",index=False)
```

print(df)

数据清洗的过程中不但需要对不同销量的数据单位进行统一，而且要对其商品的评价做出处理，并对重复的数据进行删除。

25.2.3　可视化图像处理与数据分析

（1）口红价格分布特征分析。

```
import pandas as pd
import matplotlib.pyplot as plt
data=pd.read_csv(r'D:\PycharmProjects\pythonProject\my_utils\合并.csv')
data['Price']=pd.to_numeric(data['Price'],errors='coerce')
'''全部产品的价格分布'''
breakpoints=[0,200,300,400,500,1000000000]
group_labels=['0-200','200-300','300-400','400-500','500+']
data['group']=pd.cut(data['Price'],bins=breakpoints,labels=group_labels)
group_counts=data['group'].value_counts().sort_index()
plt.bar(group_counts.index,group_counts.values)
plt.title('Data Distribution by Price')
plt.xlabel('Group')
plt.ylabel('Count')
plt.show()
'''高端口红的销售额分布'''
from pyecharts import options as opts
from pyecharts.charts import Bar
data_over_500=data[data['Price']>500].copy()
data_over_500.loc[:,'sales']=data_over_500['Price']*data_over_500['Comment']
data_over_500.loc[:,"group"]=pd.qcut(data_over_500["sales"],10,duplicates='drop')
df_meansales1=data_over_500.groupby(by="group",observed=True)[["sales"]].mean()
```

df_meansales1["sales"]=df_meansales1["sales"].map(lambda x:x/1)

df_meansales1["sales"]=round(df_meansales1["sales"],2)

list_labels1=["(501.999,538.2]","(538.2,579.0]","(579.0,598.0]",

"(598.0,630.0]","(630.0,668.0]","(668.0,726.0]","(726.0,

880.0]",

"(880.0,1029.9]","(1029.9,1388.0]","(1388.0,8888.0]"]

c=(Bar().add_xaxis(list_labels1).add_yaxis("",df_meansales1["sales"].

values.tolist())

.set_global_opts(title_opts=opts.TitleOpts(title="各价格区间销售

额分布图",subtitle="顶级"),

datazoom_opts=[opts.DataZoomOpts(),opts.DataZoomOpts(type_=

"inside")],

)

)

c.render('bar_chart.html')

运行结果如图 25-1 所示。

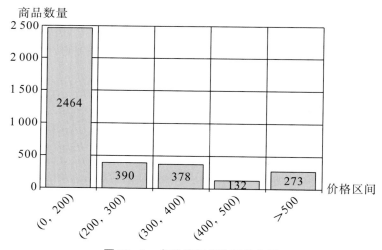

图 25-1 各价格区间商品分布图

在了解到价格的主要分布后，接下来对价格与销量的敏感性进行处理分
析，来辅助决策。

（2）价格销量敏感性分析。

```
mpl.rcParams['font.sans-serif']=['SimHei']
data=pd.read_csv(r"D:\Python\完整清洗后数据.csv",encoding='gbk')
df=pd.DataFrame(data)
# 重复数据去除并保存到 df
df=df.reset_index().drop_duplicates(subset='index',keep='first').set_
index(('index'))
#价格列非纯数字数据去除
row_to_remove=df[df.iloc[:,1].str.contains('¥',regex=True)]
indexes_to_remove=row_to_remove.index
df.drop(indexes_to_remove,inplace=True)
print(df.columns)
print(df['Price'].dtype)
#开始绘散点图
data.sort_values(by=data.columns[1],inplace=True)
x=df.iloc[:,1]
y=df.iloc[:,2]
plt.scatter(x,y,label='',color='blue',marker='o')
#找特定点,因为数轴太密了,我用特定点来看下数轴的顺序和比例是否
正确
#plt.annotate('特定点',xy=(167,10),xytext=(177,20),arrowprops=
dict(arrowstyle='->'))
#去掉数轴数值,方便观察
plt.xticks([])
plt.yticks([])
plt.xlabel('Price')
plt.ylabel('Comment')
plt.title('价格与销量散点图')
plt.show()
#创建线形回归模型
df['Price']=pd.to_numeric(df['Price'],errors='coerce')
df['Comment']=pd.to_numeric(df['Comment'],errors='coerce')
df=df.dropna()
```

```
model=LinearRegression()
x=df['Price']
y=df['Comment']
x=x.values.reshape(-1,1)
model.fit(x,y)
y_pred=model.predict(x)
plt.plot(x,y_pred,color='red')
plt.title('销量与价格回归分析')
plt.show()
correlation=df['Price'].corr(df['Comment'])
print('Pearson 相关系数:',correlation)
#创建曲线回归
for i in range(2,5):
    poly=PolynomialFeatures(degree=i)
    x_poly=poly.fit_transform(x)
    model=LinearRegression()
    model.fit(x_poly,y)
    y_pred=model.predict(x_poly)
    plt.plot(x,y_pred,color='red',label='Polynomial Fit')
    plt.xlabel('Price')
    plt.ylabel('Commend')
    plt.title('Polynomial Fit')
    plt.show()
    correlation=np.corrcoef(y_pred,y)[0,1]
    print(i,'次项式拟合后的数据与原始数据的相关性:',correlation)
```

运行结果如图 25-2 所示。

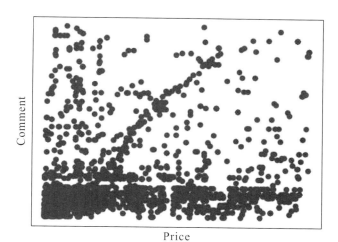

图 25-2　价格与销量散点图

经过数据分析得到数据如下：一次项式拟合后的数据与原始数据的相关性为 0.0119，二次项式拟合后的数据与原始数据的相关性为 0.122，三次项式拟合后的数据与原始数据的相关性为 0.0122，Pearson 相关数为 0.0115。

（3）爆款商品处理与推荐。

在对数据进行相关性处理后，发现口红销量对价格弹性的显著性并没有所预想的那样强。既然价格并非主导因素，那么想从所谓爆款入手分析哪种口红更得到市场的青睐。

Python 程序操作如下：

"'目标是观察奢侈品口红(价格>500) 1.讨论定价和销量的关系 2.找到热门商品'"

"' 1.讨论定价和销量的关系 '"

```
plt. rcParams["font. sans-serif"]=["Microsoft YaHei"]
plt. rcParams['axes. unicode_minus']=False
df=pd. read_excel('lipstickdataxls. xlsx', names=["pro_name", "price",
"sales", "store"])
df=df[pd. to_numeric(df["price"], errors='coerce'). notnull()]
df["price"]=df["price"]. astype(float)
"'选择价格>500的商品'"
df_select_price1=df[df["price"]>500]
"'价格区间的划定标准为价格的频数,保证每个区间的商品数量基本相同'"
df_select_price1["group"]=pd. qcut((df_select_price1["price"]),10)
```

'''分组计算销售额'''

df_meanSales1 = df_select_price1.groupby(by="group")[["sales"]].mean()

df_meanSales1["sales"] = df_meanSales1["sales"].map(lambda x: x/1)

df_meanSales1["sales"] = round(df_meanSales1["sales"], 2)

'''绘制柱形图'''

list_labels1 = [

          '(504.999, 555.5]',

          '(555.5, 609.6]',

          '(609.6, 649.0]',

          '(649.0, 681.6]',

          '(681.6, 774.5]',

          '(774.5, 880.48]',

          '(880.48, 1000.0]',

          "(1000.0, 1133.6]",

          '(1133.6, 1428.0]',

          '(1428.0, 7196.0]',

]

c = (

    Bar().add_xaxis(list_labels1).add_yaxis("", df_meanSales1["sales"].values.tolist(), color='red')

    .set_global_opts(title_opts=opts.TitleOpts(title="大于五百元口红销售额分布图"), datazoom_opts=[opts.DataZoomOpts(), opts.DataZoomOpts(type_="inside")],))

c.render(r'D:\PycharmProjects\pythonProject\my_utils\大于五百元商品销售额.html')

'''2.找到热门商品'''

df_group = df_select_price1.groupby(by="group")

'''取出各分组后的数'''

createVar = locals()

n = 1

for key, value in df_group:

```
        createVar["df_group"+str(n)]=df_group.get_group(key)
        n+=1
    list_labels1=["(504.999,555.5]",    " ",     "'(609.6,649.0]'",
            " ",    '(681.6,774.5]',    " ",
                    '(880.48,1000.0]'," ",     '(1133.6,1428.0]',    " "]
'''绘制箱线图'''
sns.set_style("white")
plt.figure(figsize=(8,5),dpi=120)
x=(
    df_group1["sales"].values.tolist(),
    df_group2["sales"].values.tolist(),
    df_group3["sales"].values.tolist(),
    df_group4["sales"].values.tolist(),
    df_group5["sales"].values.tolist(),
    df_group6["sales"].values.tolist(),
    df_group7["sales"].values.tolist(),
    df_group8["sales"].values.tolist(),
    df_group9["sales"].values.tolist(),
    df_group10["sales"].values.tolist(),
    )
label=list_labels1
plt.boxplot(x,labels=label,meanline=True,showmeans=True,notch=
True)
plt.show()
'''选择 sales>400000商品'''
df_sort1=df_select_price1[df_select_price1["sales"]>150000].sort_
values(by="group").reset_index(drop=True)
df_sort1.to_csv('大于五百元的口红爆款.csv')
```

使用相同的思路对定价在 500 元以下的数据进行处理:

```
''' 1.讨论定价和销量的关系 '''
plt.rcParams["font.sans-serif"]=["Microsoft YaHei"]
plt.rcParams['axes.unicode_minus']=False
```

```python
df=pd.read_excel('lipstickdataxls.xlsx',names=["pro_name","price","sales","store"])
df=df[pd.to_numeric(df["price"],errors='coerce').notnull()]
df["price"]=df["price"].astype(float)
'''选择价格<500的商品'''
df_select_price1=df[df["price"] < 500]
'''价格区间的划定标准为价格的频数,保证每个区间的商品数量基本相同'''
df_select_price1["group"]=pd.qcut((df_select_price1["price"]),10)
'''分组计算销售额'''
df_meanSales1 = df _ select _ price1. groupby( by = " group ") [[ " sales "]].mean()
df_meanSales1["sales"]=df_meanSales1["sales"].map(lambda x: x / 1)
df_meanSales1["sales"]=round(df_meanSales1["sales"],2)
'''绘制柱形图'''
list_labels1=[
    "(4.99,28.0]",
    "(28.0,39.0]",
    "(39.0,49.9]",
    "(49.9,62.0]",
    "(62.0,79.0]",
    "(79.0,109.0]",
    "(109.0,178.1]",
    "(178.1,253.2]",
    "(253.2,362.0]",
    "(362.0,499.0]",
]
c=(
    Bar()
    .add_xaxis(list_labels1)
    .add_yaxis("",df_meanSales1["sales"].values.tolist(),color='red')
    .set_global_opts(
        title_opts=opts.TitleOpts(title="普通口红"),
        datazoom_opts=[opts.DataZoomOpts(), opts.DataZoomOpts
```

```python
            (type_="inside")],
        )
    )
    c.render(r'D:\PycharmProjects\pythonProject\my_utils\小于五百商品销
售额.html')
'''2.找到热门商品'''
df_group=df_select_price1.groupby(by="group")
'''取出各分组后的数'''
createVar=locals()
n=1
for key,value in df_group:
    createVar["df_group"+str(n)]=df_group.get_group(key)
    n+=1
list_labels1=[
    "(4.99,28.0]",
    " ",
    "(39.0,49.9]",
    " ",
    "(62.0,79.0]",
    " ",
    "(109.0,178.1]",
    " ",
    "(253.2,362.0]",
    " "
]
'''绘制箱线图'''
sns.set_style('white')
plt.figure(figsize=(11,5),dpi=120)
x=(
    df_group1["sales"].values.tolist(),
    df_group2["sales"].values.tolist(),
    df_group3["sales"].values.tolist(),
    df_group4["sales"].values.tolist(),
```

```
        df_group5["sales"].values.tolist(),
        df_group6["sales"].values.tolist(),
        df_group7["sales"].values.tolist(),
        df_group8["sales"].values.tolist(),
        df_group9["sales"].values.tolist(),
        df_group10["sales"].values.tolist(),
    )
    label=list_labels1
    plt.boxplot(x, labels=label, meanline=True, showmeans=True, notch=True)
    plt.show()
    df_sort1=df_select_price1[df_select_price1["sales"] > 400000].sort_values(by="group").reset_index(drop=True)
    df_sort1.to_csv('小于五百元的口红爆款.csv')
```

基于上述的数据分析后分别得到两种不同价格分段的口红推荐数据与推荐单品。

基于上述的分析过程得到爆品销量冠军，同时还发现：该品牌在高端市场采取礼盒装口红的策略，通过为产品增加附加值，成功提升了该品牌形象。同时，在大众市场方面，该品牌选择主打平价、高性价比的口红系列，取得了热销色号的良好效果。而在针对热销色号的策略方面，该品牌决定加大对豆沙、奶茶、小辣椒等明星色号的推广力度。这一举措有望进一步满足大众市场的需求，提高销售量，并在市场中取得更为显著的竞争优势。此外，为了进一步巩固该品牌在市场中的地位，该品牌制定了设计专门的广告宣传活动的策略。通过有针对性的广告宣传，该品牌旨在提升品牌知名度，引导潜在消费者对其产品的关注，从而推动销售和市场份额的增长。

这些综合的市场策略表明该品牌在不同市场层面均有着深入思考和科学规划。高端市场强调品牌形象和附加值，而大众市场则注重平价和性价比，热销色号以及广告宣传活动等策略则更具体针对产品特点和市场需求，为品牌的全面发展提供了战略支持。

26 反爬虫技术与"反"反爬虫技术

26.1 引言

爬虫技术是一把双刃剑,既可以协助数据的汇总,同时又会造成的大量IP访问网站侵占宽带资源、用户隐私和知识产权等危害,很多互联网企业都会花大力气进行反爬虫。

相比于爬虫技术,反爬虫其实更复杂。20世纪90年代开始有搜索引擎网站利用爬虫技术抓取网站,一些搜索引擎从业者和网站站长通过邮件讨论定下了一项"君子协议"——robots.txt,即网站有权规定网站中哪些内容可以被爬虫抓取,哪些内容不可以被爬虫抓取。这样既可以保护隐私和敏感信息,又可以被搜索引擎收录、增加流量。

随着商品信息、机票价格、个人隐私等等信息数据的商业价值被发现,在利益的诱惑下,一些人会开始违反协议。基于此,随之产生反爬虫手段。接下来会介绍一些常见的反爬虫的方法及其作用原理。

26.2 技术介绍

26.2.1 通过请求头文件来控制访问

不管是浏览器还是爬虫程序,在访问目标源网站时都会带上一个请求头文件:User-Agent。User-Agent是识别浏览器的一串字符串,相当于浏览器的身份证,在利用爬虫爬取网站数据时,频繁更换User-Agent可以避免触发相应的反爬机制。

请求头文件信息如图 26-1 所示。

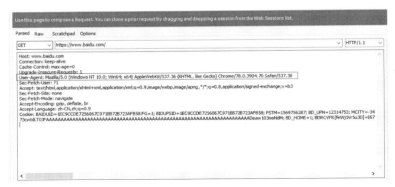

图 26-1　请求头文件信息

反爬策略：网站可以设定 User－Agent 白名单，在白名单内的 User－Agent 才允许访问。fake-useragent 包对频繁更换 User－Agent 提供了很好的支持。

（1）安装。直接在 Anaconda 控制台安装 fake-useragent 包：

pip install fake-useragent

具体代码使用：

from fake-useragent import User-Agent

ua=UserAgent()

headers={

　　'User-Agent' : ua.random #随机生成一个 User-Agent

}

url='https://www.baidu.com/'

（2）缺点。爬虫程序很容易伪造请求头文件进行请求，该方法只能拦截一部分新手爬虫。

26.2.2　IP 限制

IP 限制的反爬策略：让一个固定的 IP 在短时间不能对接口进行频繁访问。

这种手段是基于用户行为，对于一些异常行为，比如 1 秒内提交数十次请求，后台就可以认定发出请求的用户可能不是人，通过封锁此类用户的 IP 来达到反爬虫的效果。

缺点：爬虫程序可以通过 IP 代理池切换 IP 进行访问，但对爬虫者来讲需要一定成本。

代码实现过程：

```python
import random
import requests
def get_proxy():
    """
    从代理 IP 池中随机获取一个代理 IP
    """
    # 定义一个包含多个代理 IP 的列表
    proxy_list=[
        "http://118.245.23.2:80",
        "http://118.145.23.2:8118",
        "http://117.245.23.2:88",
        "http://116.245.23.2:80"]
    # 通过 random.choice 方法来选择一个随机的代理 IP
    return random.choice(proxy_list)
def get_web_content(url):
    """
    使用随机的代理 IP 访问指定的 URL 并返回内容
    """
    proxy=get_proxy()
    proxies={
        "http": proxy,
        "https": proxy}
    try:
        response=requests.get(url,proxies=proxies,timeout=5)
        if response.status_code==200:
            return response.text
    except requests.RequestException:
        print(f"Error using proxy {proxy}.")
        return None
# 示例
```

```
url="http://www.example.com"
print(get_web_content(url))
```

26.2.3 验证码验证

验证码是一种区分用户是计算机还是人的公共安全自动程序，可以防止恶意破解密码、刷票、论坛灌水，有效防止某个黑客对某一个特定注册用户用特定程序暴力破解方式进行不断的登录尝试。实际上，用验证码是现在很多网站通行的方式。问题可以由计算机生成并评判，只有人类才能解答（如图 26-2 所示）。由于计算机无法解答该问题，所以回答出问题的用户就可以被认为是人类。

图 26-2 常见验证码

反爬措施：通过图片验证码防止爬虫程序爬取数据。

缺点：影响正常的用户体验，验证码越复杂，网站体验感越差。

反反爬措施包括：

（1）图片验证码。由字符组合而成的图片，通常会加上干扰。

引入 OCR（Optical Character Recognition，光学字符识别）技术。OCR 技术是指电子设备（例如扫描仪或数码相机）检查纸上打印的字符，通过检测暗、亮的模式确定其形状，然后用字符识别方法将形状翻译成计算机文字的过程。针对印刷体字符，采用光学的方式将纸质文档中的文字转换成为黑白点阵的图像文件，并通过识别软件将图像中的文字转换成文本格式。

（2）滑动验证码。滑动图形验证码主要由两个图片组成：抠块和带有抠块阴影的原图。这里有两个重要特性保证被暴力破解的难度，分别是抠块的形状随机和抠块所在原图的位置随机，可以在有限的图集中制造出随机的、无规律的抠图和原图的配对。

生成滑动验证码：①后端随机生成抠图和带有抠图阴影的背景图片，后台保存随机抠图位置坐标；②前端实现滑动交互，将抠图拼在抠图阴影之上，获取到用户滑动距离值；③前端将用户滑动距离值传入后端，后台校验误差是否在容许范围内。在了解其反爬原理后，可利用 selenium 来解决滑动验证码（模拟鼠标点击滑动反爬）。

（3）点触验证码。点触验证码使用点击或者拖动的形式完成验证。采用印刷算法以及加密算法，保证每次请求到的验证图具有极高的安全性。

点击区域可出现在指定区域内的任何位置，依次按提示点击即可完成验证。点击区域可以是图片和文字。不同图标会随机出现在图标框内，按照提示点击单个或多个图标，即可完成验证。

26.2.4 Session 访问限制

反爬措施：后台统计登录用户的操作，比如短时间的点击事件、请求数据事件，与正常值比对，区分用户是否处理异常状态，如果是，则限制登录用户操作权限。当用户在应用程序的 Web 页之间跳转时，存储在 Session 对象中的变量不会丢失，而是在整个用户会话中一直存在下去。如果一个 Session 的访问量过大，就会进行封杀或要求输入验证码。

反反爬措施：可以通过爬虫模仿人的登录行为，比如 Python 使用 Keep-Alive 保持相同代理 IP 进行采集，并进行状态判断，失败后重新发起。

♯! —— encoding: utf — 8 —— import requests import requests. adapters import time

♯ 导入 time 模块,用于等待

♯ 要访问的目标页面

targetUrlList = ［ " https://httpbin. org/ip ", " https://httpbin. org/headers", "https://httpbin. org/user-agent",］

♯ 爬虫 IP 服务器(测试链接 http://jshk. com. cn/mb/reg. asp?kefu=xjy)

proxyHost="http://jshk. com. cn" proxyPort="30008"

♯ 爬虫 IP 验证信息

proxyUser="huake" proxyPass="hk123" proxyMeta=f"http://{proxyUser}:{proxyPass}@{proxyHost}:{proxyPort}"

♯ 设置 http 和 https 访问都是用爬虫 IP

proxies={ "http":proxyMeta, "https": proxyMeta, }

＃设置爬虫IP和重试策略

adapter＝requests. adapters. HTTPAdapter(proxy＝proxies, max_retries ＝3)

＃访问三次网站,使用相同的 Session(keep－alive),均能够保持相同的外网 IP

with requests. session() as s: ＃设置 cookie ＃ cookie_dict＝{"JSESSION": "123456789"} ＃ cookies＝requests. utils. cookiejar_from_dict(cookie_dict, cookiejar＝None, overwrite＝True) ＃ s. cookies＝cookies

＃为 session 设置代理和重试策略

s. mount("http://", adapter)

s. mount("https://", adapter)

for i in range(3):

    for j, url in enumerate(targetUrlList):

        r＝s. get(url)

        ＃判断状态码是否为200,如果不是,等待1秒后重试

        while r. status_code !＝200: ＃添加循环条件

            print(f"第{i+1}次访问第{j+1}个网站的状态码为{r. status _code},等待1秒后重试")

            time. sleep(1) ＃等待1秒

            r＝s. get(url) ＃重新发起请求

        print(f"第{i+1}次访问第{j+1}个网站的结果:")

        print(r. text)

26.2.5 数据加密

反爬措施:前端可以通过对查询参数、User－Agent、验证码、cookie 等前端数据进行加密生成一串加密指令,将加密指令作为参数,再进行服务器数据请求。该加密参数为空或者错误,服务器都不对请求进行响应。后端可以在服务器端同样有一段加密逻辑,生成一串编码,与请求的编码进行匹配,匹配通过则会返回数据。

常用的几种方式:

(1) 通过自定义字体来反爬。

反爬原理:使用自定义字体文件。

解决思路：切换到手机版解析字体文件进行翻译。

（2）通过 css 来反爬。

反爬原理：源码数据不为真实数据，需要通过 css 位移才能产生真实数据。

解决思路：计算 css 的偏移。

（3）通过 js 动态生成数据进行反爬。

反爬原理：通过 js 动态生成。

解决思路：解析关键 js，获得数据生成流程，模拟生成数据。

（4）通过编码格式进行反爬。

反爬原理：不使用默认编码格式，在获取响应之后，通常爬虫使用 utf-8 格式进行解码，此时解码结果将会是乱码或者报错。

缺点：加密算法写在 js 里，爬虫程序经过一系列分析可以进行破解。

27　用 Jupyter Notebook 编写数学公式

27.1　引言

编写数学公式有两种模式：行内模式（Inline mode）和展示模式（Display mode）。行内模式也称为随文模式，是将公式镶嵌在普通文段内，跟文字排在一起。展示模式是将公式独立成一行，并且居中显示。模式不同，数学公式的渲染方式也不同。

在行内编写数学公式，需要使用单 $ 符，比如：$y = mx + b$。在 $ 符之间的所有内容，都将被视为数学符号进行渲染。

创建显示模式的表达式有两种方法：一种是在 markdown（标记）模式下显示，一种是引进 Latex 函数来显示。

在 markdown（标记）模式下使用 $/$$ 符来渲染，如：

$$ P(A\mid B) =\frac{ P(B\mid A) P(A)}{P(B)}$$

表示：

$$P(A \mid B) = \frac{P(B \mid A)P(A)}{P(B)}$$

这两种符号的主要区别是单 $ 符下公式会靠左对齐，双 $ 符下公式居中对齐。下面主要介绍在 markdown（标记）模式下数学公式的编写。

27.2　上下标

上标用 ^ 表示，如果超过一个字符需要用 {} 括起来，如：

$$x^2$$、$$x^{2a+b}$$

表示：

$$x^2$$

$$x^{2a+b}$$

下标用 _ 表示，同样，超过一个字符需要用{ }括起来，下标也可以出现在前面，如：

$$x_1$$、$${10}C_5$$

表示：

$$x_1$$

$${}_{10}C_5$$

27.3　常用符号的命令

表 27-1 罗列了一些常用符号的命令，其中需要注意，\、&、{ } 等几个符号有特殊的含义，如果要显示这些符号，需要使用转义符 "\" 来实现表示。左右箭头有两种不同使用场景，第一种用于表现趋向，第二种用于向量。

表 27-1　常用符号的命令

符号	命令	符号	命令	符号	命令	符号	命令
$>$	$>$	$\cup$	\cup	$\forall$	\forall	∞	\infty
$<$	$<$	$\cap$	\cap	$\because$	\because	{ }	\{ and\}
$\geq$	\geq or\ge	$\pm$	\pm	$\therefore$	\therefore	$<>$	\langle\rangle
$\leq$	\leq or\le	$\times$	\time	$()'$	\prime	&.	\&.
$\approx$	\approx	$\div$	\div	$\cdots$	\cdots	$\hat a$	\hat a
$\neq$	\neq or\ne	$\leftarrow$	\gets or\leftarrow	$\subset$	\supset	$\bar a$	\bar a
$\equiv$	\epuiv		\overleftarrow	$\supset$	\suqset	$|$	\mid or\vert or $|$
$\in$	\in	$\rightarrow$	\to or\rightarrow	$\subseteq$	\supseteq	$\parallel$	|or\Vert
$\ni$	\ni or\owns		\overrightarrow	$\supseteq$	\suqseteq	π	\pi

255

27.4 常见的运算符号

常见的运算符号在 Python 中的表达方式。

27.4.1 分式

模板——\ frac{}{}，其中第一个大括号中输入分子，第二个大括号输入分母，括号中可以使用 { } 把需要括起来的多个字符括在一起，如：

$$y= \ frac{1}{x^{a+2b}}$$

表示：

$$y = \frac{1}{x^{a+2b}}$$

$$y = \frac{1}{x^{a+2b}}$$

27.4.2 （反）三角函数

命令为在转义符 "\" 后加上字母，不能单独使用字母，如：

$$ \ sin{x} \ cos{(\ arccos{x})} \ tan{e^x}$$

表示：

$$\sin x \cos (\arccos x) \tan e^x$$

27.4.3 对数

命令与三角函数相似，为 \log_{ }{ }、\ln{ }、\lg{ }，其中 log 的前一个括号表示底数，后一个表示真数，如：

$$ \log_{a}{n}\ln{t}\lg{a^{10}} $$

表示：

$$\log_a n \ln t \lg a^n$$

27.4.4 根号

模板——\sqrt[ ]{ }。其中，中括号表示开根次数，去掉默认开平方根；大括号表示根号里的内容，如：

$$ \sqrt{2x}\sqrt[n]{2x} $$

表示：

$$
\begin{array}{c}
\sqrt{2x} \\
\sqrt[n]{2x}
\end{array}
$$

27.4.5　求和与求积

求和的命令为

$$ \sum_{i=0}^{n}{\large a_i} $$

表示：

$$ \sum_{i=0}^{n} a_i $$

求积的命令为

$$ \prod_{i=0}^{\infty}{\large a_i} $$

表示：

$$ \prod_{i=0}^{\infty} a_i $$

27.4.6　导数、极限、微分和积分

导数（\prime）求导符号是一种上标，需要使用'^'，如：

$$ （\ln{x}）^\prime=\frac{1}{x} $$

表示：

$$ (\ln x)' = \frac{1}{x} $$

偏导（\partial），如：

$$ \frac{\partial f(x,y)}{\partial x} $$

表示：

$$ \frac{\partial f(x,y)}{\partial x} $$

极限（\lim），如：

$$ \lim_{n \rightarrow+\infty}{a^n} $$

表示：

$$\frac{\partial f(x,y)}{\partial x}$$

微分，如：

$$ \frac{du}{dx} $$ $$ \frac{d^2u}{dx^2} \ and \,\,\,\frac{d^{(n)}u}{dx^n}$$

表示：

$$\frac{\mathrm{d}u}{\mathrm{d}x}$$

$$\frac{\mathrm{d}^2 u}{\mathrm{d}x^2} \quad and \quad \frac{\mathrm{d}^n u}{\mathrm{d}x^n}$$

积分（\int、\iint、\iiint、\oint），如：

$$ \int_{\large0}^{\large \pi} f(x) dx $$、$$ \iint \,f(x,y) dx dy $$、$$ \iiint f(x,y,z) dx \,dy dz$$

表示：

$$\int_0^\pi f(x)\mathrm{d}x \iint f(x,y)\mathrm{d}x\mathrm{d}y \iiint f(x,y,z)\mathrm{d}x\mathrm{d}y\mathrm{d}z$$

举一个比较复杂的例子，如：

$$ \int_{x^2+y^2 \leq R^2} f(x,y)\,dx \,dy=\int_{\theta=0}^{2\pi} \int_{r=0}^R f(r \cos \theta, r \sin \theta) r \,dr \,d \theta $$，

表示：

$$\int_{x^2+y^2\leqslant R^2} f(x,y)\mathrm{d}x\mathrm{d}y = \int_{\theta=0}^{2\pi} \int_{r=0}^{R} f(r\cos\theta, r\sin\theta)r\mathrm{d}r\mathrm{d}\theta$$

曲线积分使用（\oint），如：

$$ \oint_L \overrightarrow{f}*\overrightarrow{dl}=\mu_0*\sum i $$

表示：

$$\oint_L \vec{f} \cdot \vec{\mathrm{d}l} = \mu_0 \cdot \sum i$$

24.4.7 行列式与矩阵

在介绍行列式与矩阵之前，先介绍括号的使用问题。在 Jupyter Notebwh

中，各种括号没有伸缩性的区别，如：

$$y = (\ frac\{1\}\{x\})^n$$ 与 $$y = \ left(\ frac\{1\}\{x\} \ right)^n$$

表示：

$$
y = \left(\frac{1}{x}\right)^n \quad y = \left(\frac{1}{x}\right)^n
$$

$$
y = \left(\frac{1}{x}\right)^n \quad y = \left(\frac{1}{x}\right)^n
$$

如果需要大尺寸的小（中、大）括号，命令为 \ left((\ left[、{) 和 \ right)(\ right]、})。

行列式与矩阵左右两边的括号受元素个数的影响，大小不一致，有特定的格式。行列式括号为 \ begin\{matrix\} \ left[\ end\{matrix\} \ right]，矩阵括号为 \ begin\{matrix\} \ left(\ end\{matrix\} \ right)，如：

$$ \ left[\ begin\{matrix\}a&b \ crc&d \ end\{matrix\} \ right]$$

表示：

$$
\begin{bmatrix} a & b \\ c & d \end{bmatrix}
$$

$$ \ left(\ begin\{matrix\}a&b \ crc&d \ end\{matrix\} \ right)$$

表示：

$$
\begin{bmatrix} a & b \\ c & d \end{bmatrix}
$$

其中，"&" 表示空白；\ cr 表示换行，也可以用 \\ 表示。

27.4.8　分段函数（\begin\{cases\}、\end\{cases\}）

如：

$$

sign(x) = \ begin\{cases\}

1,& x>0 \\\\ 0,& x=0 \\\\ -1,& x<0

\ end\{cases\}

$$ \\

表示：

$$sign(x) = \begin{cases} 1, x > 0 \\ 0, x = 0 \\ -1, x < 0 \end{cases}$$

其中，$\&$、$\backslash\backslash$ 的作用与上面介绍一致。

27.5 后续美观处理

27.5.1 字号、字体

（1）字母字号调整。如果觉得自己的字母字号不合适，可以使用\rm(\tiny)\Tiny \small \normalsize \large \Large \LARGE \huge \Huge 这些命令调整大小，如：

$$\rm \tinytiny \TinyTiny \smallsmall \normalsizenormal \largelg \LargeLg \LARGELG \hugehg \HugeHg$$

表示：

$$\text{tinyTinySmallnormallgLgLGhgHg}$$

（2）字母字体调整。下面介绍几种字体：

$$
\mathit{abcdefghijklmn123456} \\
\mathsf{abcdefghijklmn123456} \\
\mathtt{abcdefghijklmn123456} \\
\mathcal{abcdefghijklmn123456} \\
\mathbb{abcdefghijklmn123456} \\
\boldsymbol{abcdefghijklmn123456}
$$

字体效果如图 27-1 所示。

abcdefghijklmn123456

abcdefghijklmn123456

abcdefghijklmn123456

abcdefghijklmn123456

abcdefghijklmn123456

abcdefghijklmn123456

图 27-1 字体效果

27.5.2 空格位

出现在 $\$\$$ 和 $\$\$$ 之间的空格不会被显示出来，如果觉得过于紧凑，可以使用\来提供一个空格位。

27.5.3 等式组的排列

一般情况下，等式组会居中对齐，如：

$$
a_1 = b_1 + c_1
$$
$$
a_2 = b_2 + c_2 + d_2
$$
$$
a_3 = b_3 + c_3
$$

如果想要左对齐，可以是：

$$

\begin{align}

a_1&=b_1+c_1 \\

a_2&=b_2+c_2+d_2 \\

a_3&=b_3+c_3

\end{align}

$$

得到结果如下：

$$
a_1 = b_1 + c_1
$$
$$
a_2 = b_2 + c_2 + d_2
$$

$$a_3 = b_3 + c_3$$

如果想要排序，可以是：

$$

\begin{align}

a_1&=b_1+c_1? \tag{1} \\

a_2&=b_2+c_2+d_2? \ tag{2} \\

a_3&=b_3+c_3? \tag{3}

\end{align}

$$

得到结果如下：

$$a_1 = b_1 + c_1 \tag{1}$$

$$a_2 = b_2 + c_2 + d_2 \tag{2}$$

$$a_3 = b_3 + c_3 \tag{3}$$

27.5.4　在数学公式中插入文字

模板——\mbox{你想要插入的文字}，如：

$$ \mbox{对任意的$x>0$}，\mbox{有}f(x)>0.$$

表示：

$$对任意的 \ x>0，有 \ f(x)>0.$$

27.5.5　Latex 函数

以上是关于在 markdown（标记）模式下的数学公式显示的大概内容。接下来简单介绍一下 Latex 函数。

导入函数：

from IPython. display import Latex

Latex( )

函数使用与 markdown（标记）模式命令相似，但只需要用单 $ 符渲染即可。如果 $ 和 $ 之间存在"\"，则需要在前面使用 r"进行统一转义，或者把所有的"\"换成"\\"，进行单独转义。

例子：　　　　　　　　　　$$a_1 = b_1 + c_1$$

from IPython. display import Latex

```
Latex('$a_1=b_1+c_1$')
```

$$(\ln x)' = \frac{1}{x}$$

```
from IPython.display import Latex
Latex(r'$(\ln{x})^\prime=\frac{1}{x}$')
Latex('$(\\ln{x})^\\prime=\\frac{1}{x}$')
```

27.5.6　常见数学问题的处理

（1）质数判断。在数学中，质数是一类特殊的自然数，其定义为除了 1 和它本身之外，没有其他正整数可以整除它的数。下面提供了一个简洁的 Python 代码，用于验证给定的数字是否为质数：

```
def is_prime(n):
    if n < 2:
        return False
    for i in range(2, int(n ** 0.5)+1):
        if n % i==0:
            return False
    return True
```

这个函数首先将小于 2 的数字排除，因为根据定义它们不被视为质数。接着，它遍历从 2 到给定数字的平方根之间的所有数字，并检查它们是否能够整除该数字。如果找到任何一个能够整除该数字的数，那么该数字就不是质数。

（2）斐波那契数列。以下是一个用于生成斐波那契数列前 n 个数字的 Python 函数。这个数列的起始是递增序列 1，1，接着每一项都是前两项之和。函数通过循环迭代生成数列，确保它包含 n 个数字。

```
def fibonacci(n):
    if n==0:
        return []
    elif n==1:
        return [1]
    elif n==2:
        return [1,1]
```

```
    else:
        fib=[1,1]
        for i in range(2,n):
            fib.append(fib[i-1]+fib[i-2])
        return fib
```

这个函数的操作是通过将前两个数字（1，1）添加到斐波那契数列中开始的。接着，通过循环迭代，每次都计算前两个数字的和并将结果添加到数列中。这个过程从数列的第三个数字开始，一直持续到所需的总数字数目。

（3）最大公约数。最大公约数是指两个或多个整数的共同因子中最大的那个数。以下是一个用于计算给定两个数字的最大公约数的 Python 函数：

```
def gcd(a,b):
    while b:
        a,b=b,a % b
    return abs(a)
```

该函数采用欧几里得算法（也称为辗转相除法）来计算两个给定数字的最大公约数。通过使用 while 循环，反复将较小的数字作为被除数，将余数作为除数，直到余数为零为止。此时被除数即为两个数字的最大公约数。

为了测试数学问题的实现，可以使用以下代码来运行函数并输出结果：

```
print(is_prime(17))
    print(fibonacci(10))
    print(gcd(24,36))
```

运行结果可能如下：

```
True
[1,1,2,3,5,8,13,21,34,55]
```

28 爬取和分析电影票房数据

28.1 数据爬取

数据爬取主要是将网站上的数据分年份爬取，包括影片名、类型、总票房（万元）、平均票价、场均人次、国家及地区和上映日期等，然后将所爬取到的全部内容储存在 csv 文件中，方便之后的数据分析。

首先，导入本次爬取需要的几个模块。

```
import re
import pandas as pd
import time
import requests
from lxml. html import fromstring
from bs4 import Beautiful Soup
```

在进行网页爬取前，先定义爬虫主体函数。

```
def get_html(url):
    print('Downloading:', url)
    try:
        kv={'user-agent':'Mozilla/5.0'}
        r=requests. get(url, headers=kv, timeout=30)
#代码不正确则抛出异常
        r. raise_for_status()
        r. encoding=r. apparent_encoding
        return r. text
```

```
    except:
        print('爬取失败')
```

其次，对网页列表进行循环爬取。此案例将爬取的年份设为 2010—2019 年，并设定每次爬取时间间隔为 3 秒。

```
#循环爬取每页内容
for k in range(10):
    movie_year=2010+k
    url=get_html('http://www.boxofficecn.com/boxoffice{}'.format
(movie_year))
    time.sleep(3)#间隔3s,防止被封禁
    tree=fromstring(url)
    soup=BeautifulSoup(url,'lxml')
    length_string=soup.find('div',{'class':'entry-content'}).p.get_text()
    length=int(re.search('[0-9]{1,3}(?=部)',length_string).group())
    for k in range(length):
        name.append(soup.find_all('tbody')[0].
find_all('td')[4*k+2].
get_text())
        year.append(movie_year)
        Box_office.append(soup.find_all('tbody')[0].
find_all('td')[4*k+3].
get_text())
```

再次，在爬取到的页面中提取影片名、年份和票房信息，并将结果保存到 csv 文件中。注意，csv 文件保存的编码格式为 utf-8-sig。使用 utf-8-sig 编码保存的文件在某些 Windows 软件（如 Excel）中才能够被正确识别，而普通的 utf-8 编码在这些软件中可能会出现乱码。

```
#将 list 转化为 dataframe
name_pd=pd.DataFrame(name)
year_pd=pd.DataFrame(year)
Box_office_pd=pd.DataFrame(Box_office)
#拼接
movie_Box_office_data=pd.concat([name_pd,year_pd,Box_office_pd],
```

axis=1)

```
        movie_Box_office_data.columns=['电影','年份','票房']
        movie_Box_office_data.head()
        #数据预处理
        ##提取数字部分
        f=lambda x: re.search('[0−9]*(\.[0−9]*)?', x).group()
        movie_Box_office_data['票房']=movie_Box_office_data['票房'].apply(f)
        ##缺失值填充为0
        empty=movie_Box_office_data['票房']==''
        movie_Box_office_data.loc[empty,'票房']=0
        ##转化成浮点数
        movie_Box_office_data['票房']=movie_Box_office_data['票房'].apply(
            lambda x: float(x))
        #保存为 csv 文件
        outputpath='电影票房.csv'
        movie_Box_office_data.to_csv(outputpath,
                                    sep=',',
                                    index=False,
                                    header=True,
                                    encoding='utf−8−sig')
```

28.2 数据分析及可视化

首先，导入本次数据分析需要用到的模块：

```
import matplotlib.pyplot as plt
import seaborn
import pandas as pd
import numpy as np
from pylab import *
```

对刚刚整理好的数据进行预览，得到原始数据如图 28−1 所示。

```
mpl.rcParams['font.sans−serif']=['SimHei']  #使得图片可以显示中文
```

data=pd.read_csv('电影票房.csv'))

#展示这十年 top10的影片,(票房的单位是万)

data.sort_values(by='票房',ascending=False).head(10)

	电影	年份	票房
1913	战狼2	2017	567868.8
2753	哪吒之魔童降世	2019	500112.6
2560	流浪地球	2019	467462.7
2637	复仇者联盟4：终局之战	2019	423881.7
2169	红海行动	2018	364726.2
2166	唐人街探案2	2018	339768.8
1286	美人鱼	2016	339211.8
2822	我和我的祖国	2019	317118.9
2324	我不是药神	2018	309712.7
2821	中国机长	2019	290004.1

图 28-1　数据展示

其次，统计每年的平均票房并进行绘图。先绘制一幅折线图。

#获取各年份的平均票房

data_mean=data.groupby(['年份']).mean()

print(data_mean)

#重置索引,这是因为年份现在是索引,我们要把它变回普通列

data_mean.reset_index(inplace=True)

#绘制折线图

plt.figure(figsize=(10,6)) # 设置画布大小

plt.plot(data_mean['年份'],data_mean['票房'],marker='o')

#添加标题和标签

plt.title('年份与平均票房的折线图')

plt.xlabel('年份')

plt.ylabel('平均票房')

#显示图形

plt.show()

输出结果：

（1）每年平均票房如图 28-2 所示。

	年份	票房
0	2010	6906.304348
1	2011	6255.960000
2	2012	9776.905325
3	2013	12268.090909
4	2014	10504.750000
5	2015	11995.696216
6	2016	10477.189835
7	2017	11929.028378
8	2018	12993.385366
9	2019	16163.392208

图 28-2　每年平均票房

（2）折线统计图如图 28-3 所示。

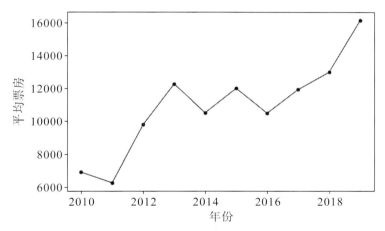

图 28-3　年份与平均票房关系折线统计图

最后，检验二八原则。二八原则指的是 20％的人拥有 80％的资源。通过编程验证爆款电影是不是占据了电影市场大部分份额。

＃线条样式和标记样式列表

linestyles=['-','--','-.',':']

markers=['o','s','^','D','p','H','v','<','>','P']　＃ 'o':圆圈,'s': 正方形,'^': 上三角,'D': 菱形,等等.

♯对2010—2019年的每一年绘制票房折线图

for i, (linestyle, marker) in zip(range(2010, 2020), zip(linestyles * 3, markers)):

　　♯ 获取每年的票房数据并进行排序

　　boxoffice_data=data[data['年份']==i]['票房'].sort_values()

　　plt.plot(boxoffice_data.values, linestyle=linestyle, marker=marker, label=f'{i}年')

　　♯添加 x 轴和 y 轴标签

　　plt.xlabel('电影数量')

　　plt.ylabel('票房')

　　♯添加图例

　　plt.legend()

　　♯添加标题

　　plt.title('2010—2019年电影票房情况')

　　♯展示图表

　　plt.show()

　　percent=[]

　　for k in range(10):

　　Boxoffice=data[data['年份']==(2010+k)]['票房']

　　　　q80=np.percentile(Boxoffice,80)

　　　　percent.append(Boxoffice[Boxoffice >=q80].sum() / Boxoffice.sum())

♯打印每年前20％的电影所占的票房份额

for year,perc in zip(range(2010,2020),percent):

　　print(f'{year}年前20％的电影占总票房的比例：{perc:.2％}')

输出结果如图 28-4 所示。

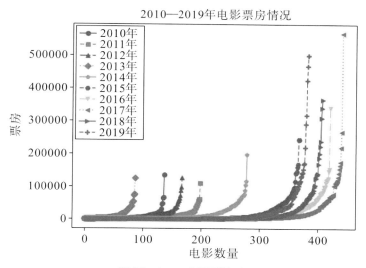

图 28-4 二八原则检验

2010年前20％的电影占总票房的比例：76.30％

2011年前20％的电影占总票房的比例：77.27％

2012年前20％的电影占总票房的比例：74.19％

2013年前20％的电影占总票房的比例：72.79％

2014年前20％的电影占总票房的比例：83.31％

2015年前20％的电影占总票房的比例：89.63％

2016年前20％的电影占总票房的比例：91.08％

2017年前20％的电影占总票房的比例：92.62％

2018年前20％的电影占总票房的比例：93.72％

2019年前20％的电影占总票房的比例：93.76％

通过绘制每年电影票房的折线图可以清晰地看出，每年仅有少数的电影占据了大部分的票房收入，而大多数电影的票房收入则相对较低。

29 Python 编写 GUI 程序

29.1 图形用户界面介绍

图形用户界面（Graphical User Interface，GUI，又称图形用户接口）是指采用图形方式显示的计算机操作用户界面。GUI 程序的存在可以忘记复杂的代码，使用直观的图形方式解决问题，展示结果，降低了程序的使用成本。对于常用的 Windows 操作系统下，编写 GUI 程序的方式很多，包括 Java 的 Swing 包、Winform、WPF（使用 C♯）、QT 框架（使用 C++）等，甚至可以使用 Web 方式编写 GUI 程序。

29.2 Python 下的 GUI 编程实现

常见的 Python GUI 包：

（1）tkInter。Python 官方标准包，支持多平台。

以 Hello World 为例，见图 29-1。

```
♯导入 tkinter 模块
importtkinter
♯创建主窗口
win=tkinter.Tk()
win.title("Hello World")
♯创建标签
tkinter.Label(win,text="Hello World").pack()
♯启动主循环
```

win. mainloop( )

图 29－1　tkInker 编写程序

（2）wxPython。wxPython 是 Python 语言下的 GUI 图形包，可以创建完整的、功能齐全的 GUI 用户界面。支持 Windows、Unix、Linux 等操作系统。

考虑到使用群体较少，技术文档相对缺少，这里就不对其使用展开讲解，仅做简单示范使用。

安装：

pip install wxpyhton

编写一个 Hello World 窗口示例：

```
＃导入 wxpython 库
import wx
＃新建一个 app
app＝wx. App( )
＃创建一个窗口
window＝wx. Frame(None, title＝"wxPython 你好!", size＝(400, 300))
panel＝wx. Panel(window)
＃添加一个静态文本, 显示 Hello World 欢迎字样
label＝wx. StaticText(panel, label＝"Hello World", pos＝(100, 100))
＃显示窗口
window. Show(True)
＃进入程序主循环(app 开始运行)
app. MainLoop( )
```

运行结果见图 29－2。

图 29-2　wxPython 编写程序

（3）PyQt5。Qt 是一个 1991 年由 Qt Company 开发的跨平台 C++图形用户界面应用程序开发框架。它既可以开发 GUI 程序，也可用于开发非 GUI 程序，比如控制台工具和服务器。

PyQt 则是 Python 编程语言和 Qt 包的成功融合，用户可以利用 Python 语言完成 Qt 程序的开发。PyQt5 中的 5 是指的对于 Qt5 的实现，可以简单地理解为更新的版本（PyQt4 与 PyQt5 存在一些用法差异）。

由于商业化的程度较高，PyQt5 的技术文档更加全面，可以直接参考 Qt 的官方文档。另外，Qt 还提供了 Qt Designer 等开发工具，通过图形化的方式创建界面。

安装：

pip install pyqt5

编写一个 Hello World 窗口示例：

```
import sys
from PyQt5.QtWidgets import QApplication, QMainWindow, QLabel
#创建一个 app 主体
app=QApplication(sys.argv)
#创建一个主窗口
win=QMainWindow()
#设置窗口的标题栏
win.setWindowTitle('Hello World')
```

＃向窗体中加入一个 Label 标签

label＝QLabel(win)

＃设置标签的显示内容

label. setText('Hello World')

＃显示程序窗口

win. show()

＃启动主循环,开始程序的运行

sys. exit(app. exec_())

运行结果见图 29－3。

图 29－3　PyQt5 编写程序

29.3　PyQt5 的编程实践

下面将利用 PyQt5 来进行进一步实践：编写一个正余弦函数的交互式波形程序。

29.3.1　使用 Qt Designer 快速构建图形界面

Qt Designer 是 Qt 提供的一个图形界面编辑工具，可以利用拖拽组件的方式创建程序界面，直观且易于上手。

这个程序在通过 pip 安装 PyQt5 这个第三方包时就已经被下载在包的安装目录下，比如：C:\Users\zhangs\Anaconda3\pkgs\qt－5.9.7－vc14h73c81de_0 \Library\bin\designer. exe。

（1）打开程序，新建一个窗体（如图 29－4 所示）。

图 29-4　Qt Designer 打开

（2）拖拽组件，布局程序界面（如图 29-5 所示）。

图 29-5　布局程序界面

此时的布局比较随意，不太美观，可以调整界面布局，使用右键，点击对象查看器中 centralwidget 或者右击界面空白处，选择"布局→栅格布局"。

另外此时用于绘图的 graphics View 其实并不能完成数据可视化工作，需要借助于另外一个数据可视化工具 PyQtgraph（可以当作另一个版本的 Matplotlib）：

pip install pyqtgraph

安装成功后，需要将绘图的 GraphicsView 变成一个 PyQtgraph 内的绘图组件 PlotWidget。只需要在 GraphicsView 组件上右击，选择"提升为…"就会弹出如图 29-6 所示对话框。

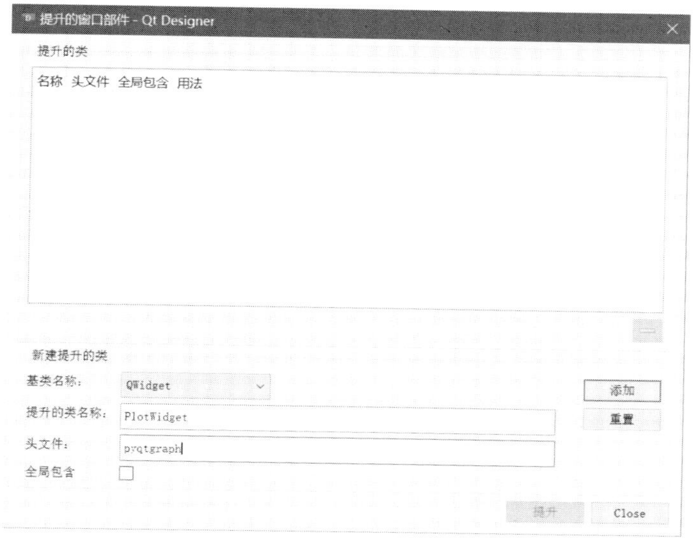

图 29-6　提升设置

设置完成后，点击添加就可完成界面布局。

为了方便后续编写代码，可以将上面使用的四个组件进行命名（如图 30-7 所示）。

图 29-7　组件命名

最后，保存文件，可以保存在工作目录下的 qt_UI. ui 文件里。

29.3.2 转换图形界面为 py 文件

这里借助 PyQt5 提供的 pyuic5.exe 程序（C:\Users\zhangs\Anaconda3\Scripts\pyuic5.exe），将 qt_UI.ui 文件转换为.py 文件，在工作目录下打开 CMD 终端输入如下命令：

pyuic5－d－o. /"qt_UI.py" . /"qt_UI.ui"

注意：上面的操作过程实际上可以借助第三方编辑器如 VsCode 或者 PyCharm 相应插件工具简化操作。这样得到的图形化的描述文件如下：

```python
from PyQt5 import QtCore, QtGui, QtWidgets
from pyqtgraph import PlotWidget
class Ui_MainWindow(object):
    def setupUi(self, MainWindow):
MainWindow.setObjectName("MainWindow")
MainWindow.resize(800, 600)
        self.centralwidget = QtWidgets.QWidget(MainWindow)
        self.centralwidget.setObjectName("centralwidget")
        self.gridLayout = QtWidgets.QGridLayout(self.centralwidget)
        self.gridLayout.setObjectName("gridLayout")
        self.plotView = PlotWidget(self.centralwidget)
        self.plotView.setObjectName("plotView")
        self.gridLayout.addWidget(self.plotView, 0, 0, 1, 1)
        self.hSlider = QtWidgets.QSlider(self.centralwidget)
        self.hSlider.setOrientation(QtCore.Qt.Horizontal)
        self.hSlider.setObjectName("hSlider")
        self.gridLayout.addWidget(self.hSlider, 1, 0, 1, 1)
        self.changeBt = QtWidgets.QPushButton(self.centralwidget)
        self.changeBt.setObjectName("changeBt")
        self.gridLayout.addWidget(self.changeBt, 0, 2, 1, 1)
        self.vSlider = QtWidgets.QSlider(self.centralwidget)
        self.vSlider.setOrientation(QtCore.Qt.Vertical)
        self.vSlider.setObjectName("vSlider")
        self.gridLayout.addWidget(self.vSlider, 0, 1, 1, 1)
```

```
MainWindow. setCentralWidget(self. centralwidget)
        self. menubar=QtWidgets. QMenuBar(MainWindow)
        self. menubar. setGeometry(QtCore. QRect(0, 0, 800, 18))
        self. menubar. setObjectName("menubar")
MainWindow. setMenuBar(self. menubar)
        self. statusbar=QtWidgets. QStatusBar(MainWindow)
        self. statusbar. setObjectName("statusbar")
MainWindow. setStatusBar(self. statusbar)
        self. retranslateUi(MainWindow)
QtCore. QMetaObject. connectSlotsByName(MainWindow)
    def retranslateUi(self, MainWindow):
        _translate=QtCore. QCoreApplication. translate
MainWindow. setWindowTitle(_translate("MainWindow", "MainWindow"))
        self. changeBt. setText(_translate("MainWindow", "切换波形"))
```

29. 3. 3　编写主逻辑 main. py 文件内容

在之前的 Hello World 程序基础上，做如下改变：

导入编写好的界面代码模块 qt_UI. py：

```
frommyui. qt_UI import Ui_MainWindow
♯将 win=QMainWindow()缩写为 win=MainWin():
import sys
fromPyQt5. QtWidgets import QApplication, QMainWindow, QLabel
frommyui. qt_UI import Ui_MainWindow


classMainWin(QMainWindow, Ui_MainWindow):
    def_init_(self, parent=None):
        super()._init_(parent)
        self. setupUi(self)
if_name_=="_main_":
    ♯创建一个 app 主体
    app=QApplication(sys. argv)
    ♯创建一个主窗口
```

```
win=MainWin()
#显示程序窗口
win.show()
#启动主循环,开始程序的运行
sys.exit(app.exec_())
```

此时,程序已经可以运行,只是按钮点击等没有任何反应,那是因为还没有编写任何相应的逻辑响应代码,如图29-8所示。

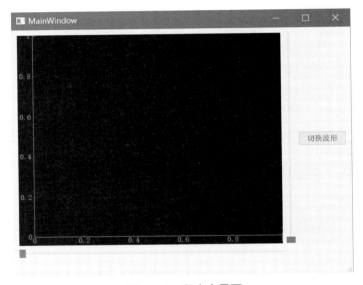

图 29-8　程序主界面

编写之前,需要知道两个 Qt 基本的概念:信号(signal)与槽(slot)。

简单地理解,当点击按钮"切换波形"时,系统会发出一个"clicked"的信号(signal),这个信号需要相应处理函数与之"绑定",这个事件处理函数称为槽(slot),如果没有绑定相应的槽函数或者槽函数为空,表现出来的结果为空,如同上面程序那样仅仅是一个空壳。

接下来添加全部组件的槽函数,完整代码如下:

```
import sys
from PyQt5.QtWidgets import QApplication,QMainWindow,QLabel
from myui.qt_UI import Ui_MainWindow
import numpy as np
class MainWin(QMainWindow,Ui_MainWindow):
```

```python
    def _init_(self, parent=None):
        super()._init_(parent)
        self.setupUi(self)
        self.setConnect()
        self.type=0
        self.amp=1
        self.freq=1
        self.plot_lh=None
        self.plot_curve()
    def setConnect(self):
        #绑定槽函数
        self.changeBt.clicked.connect(self.change_wave)
        self.hSlider.sliderMoved.connect(self.change_freq)
        self.vSlider.sliderMoved.connect(self.change_amp)
    def change_wave(self):
        #波形切换按钮点击响应槽函数
        self.type=not self.type
        self.plot_curve()
    def change_freq(self, pos):
        #水平滑条拉动,改变波形周期的槽函数
        self.freq=pos
        self.plot_curve()
    def change_amp(self, pos):
        #垂直滑条拉动,改变波形幅度的槽函数
        self.amp=pos
        self.plot_curve()
    def plot_curve(self):
        # @功能: 绘制正余弦曲线
        if self.plot_lh is None:
            self.plot_lh=self.plotView.plot()
xdata=np.linspace(1, 10, 1000)
        if self.type==0:
ydata=self.amp*np.sin(xdata*self.freq)
```

```
            else:
ydata=self.amp*np.cos(xdata*self.freq)
        self.plot_lh.setData(y=ydata,x=xdata)
if_name_=="_main_":
    #创建一个app主体
    app=QApplication(sys.argv)
    #创建一个主窗口
    win=MainWin()
    #显示程序窗口
    win.show()
    #启动主循环,开始程序的运行
    sys.exit(app.exec_())
```

运行结果如图 29-9 所示。

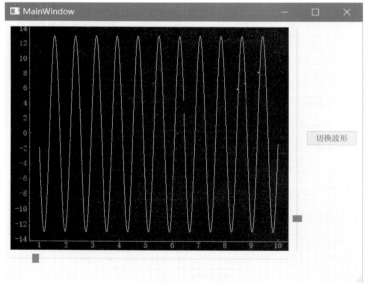

图 29-9   运行结果

附录 Python 基础知识

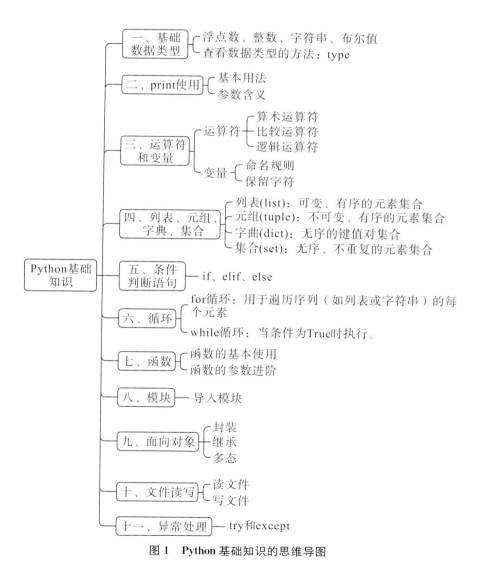

图 1 Python 基础知识的思维导图

一、基础数据类型

Python 中有几种常用的基础数据类型：

（1）浮点数（float）：例如 3.14，−9.01，2.0。

（2）整数（int）：例如 1，100，−800。

（3）字符串（str）：例如 'hello'、"Python"。

（4）布尔值（bool）：只有 True 和 False 两个值。

查看数据类型的方法：type()。

```
type(1), type('3.14'), type(3.14), type(True)
# 输出结果
(int, str, float, bool)
```

二、print 使用

print 是一个内置函数，用于打印输出。

```
print("Hello, World!")
print(100)
print(type(3.14))
print(type(True))
```

输出结果：

```
Hello, World!
100
<class 'float'>
<class 'bool'>
```

print 函数有一个参数 end，默认为 "\n"（换行符）。

像 "\n"（换行符）、"\t"（制表符）等样式的字符被称为转义字符。如果不做特殊要求，这些转义字符会被按照对应的方式执行。

可以通过在字符串前加上字母 r 忽略字符串中的转义字符，或者在转义字符前再加一个 "\"。

```
print("Hello World!", end="<这是一段分隔符>")
print("Hello Python! \nHello Pipixia")
print('————————————————————————————')
```

print(r"Hello Python!\nHello Pipixia")

print("Hello Python!\\nHello Pipixia")

输出结果：

Hello World!<这是一段分隔符>Hello Python!
HelloPipixia

Hello Python! \nHello Pipixia

Hello Python! \nHello Pipixia

三、运算符和变量

（1）运算符：

①算术运算符：＋、－、＊、/、％（取余）、＊＊（乘方）、//（整除）。

②比较运算符：＝＝、！＝、＞、＜、＞＝、＜＝。

③逻辑运算符：and、or、not。

（2）变量：存储数据的容器。

①变量名只能用下划线、数字、字母组成，不可以是空格或者特殊字符（♯、?、＜、,、;、$、¥、＊、～、! 等）。

②不建议使用 Python 中预制的关键字或保留字符作为变量名。

Python 中的保留字符："and" "as" "assert" "break" "class" "continue" "def" "del" "elif" "else" "except" "exec" "finally" "for" "from" "global" "if" "import" "in" "is" "lambda" "not" "or" "pass" "print" "raise" "return" "try" "while" "with" "yield"。

③不建议使用中文作为变量名。

④变量名区分大小写，即 a 和 A 是不一样的。

x＝50

y＝30

z＝"Jupyter Notebook"

result＝x＋y

print("x＋y＝", result)

print("x // y＝", x//y)

print("x / y＝", x/y)

print("x ％ y＝", x％y)

285

```
print(x==y, x>y, x<y, x!=y)
print("="*50)
print("This is "+z)
```

输出结果：

```
x+y=80
x//y=1
x/y=1.6666666666666667
x%y=20
False True False True
```

==

This is Jupyter Notebook

四、列表、元组、字典、集合

（1）列表（list）：可变、有序的元素集合。

```
fruits=['apple','banana','cherry']
fruits=['apple','banana','cherry']
#用 append 方法添加元素'pear'
fruits.append('pear')
print("使用 append 方法向列表中添加了 pear 元素:",fruits)
#分割线
print("="*50)
#利用索引打印 fruits 列表中的元素
print("利用索引打印 fruits 列表中的元素:")
print(fruits[0],fruits[1],fruits[2],fruits[3],fruits[-1])
#分割线
print("="*50)
print("利用索引修改 fruits 列表中的元素:")
print("原来的 fruits:\t \t",fruits)
fruits[1]='coconut'
print("修改1号索引后的 fruits:",fruits)
#分割线
print("="*50)
```

```
#列表的切片操作
print("列表的切片操作:",fruits[1:3],fruits[::-1],fruits[:-1])
#分割线
print("="*50)
#用 pop 方法去除1号位置的元素
fruits.pop(1)
print("用 pop 方法去除1号位置的元素:",fruits)
#分割线
print("="*50)
#用 extend 方法合并列表
fruits_2=['grape','lemon','orange']
fruits.extend(fruits_2)
print("用 extend 方法合并列表:",fruits)
```

输出结果

使用 append 方法向列表中添加了 pear 元素：['apple','banana','cherry','pear']

==

利用索引打印 fruits 列表中的元素：

apple banana cherry pear pear

==

利用索引修改 fruits 列表中的元素：

原来的 fruits：['apple','banana','cherry','pear']

修改1号索引后的 fruits：['apple','coconut','cherry','pear']

==

列表的切片操作：['coconut','cherry']　['pear','cherry','coconut','apple']
['apple','coconut','cherry']

==

用 pop 方法去除1号位置的元素：['apple','cherry','pear']

==

用 extend 方法合并列表：['apple','cherry','pear','grape','lemon','orange']

（2）元组（tuple）：不可变、有序的元素集合。

```
colors=('red','green','blue')
#元组可以通过索引访问元素
```

287

```
print(colors[1])
```

输出结果：green

```
#元组不可以被修改
colors[1]=2
```

此时会报错。

（3）字典（dict）：无序的键值对集合。

```
person={'name': 'John','age': 30}
#获取值
print(person['name'])
#分割线
print("="*50)
#直接添加键值对
person['gender']='male'
print(person)
#分割线
print("="*50)
#在不确定是否有这个键值对时用get方法
person['grade']=person.get("grade",'A')
print(person)
#分割线
print("="*50)
#删除键值对
del person['age']
print(person)
```

输出结果：

```
John
```

=====================================

```
{'name': 'John','age': 30,'gender': 'male'}
```

=====================================

```
{'name': 'John','age': 30,'gender': 'male','grade': 'A'}
```

=====================================

{'name': 'John', 'gender': 'male', 'grade': 'A'}

（4）集合（set）：无序、不重复的元素集合。

```
numbers={1,2,3,3,4}
print(numbers) #输出:{1,2,3,4}，自动去除了重复的3
```

集合主要用于测试和消除重复项；还支持数学的集合操作，如并集、交集、差集等。

```
set1=set([1,2,3,5,10,4,"233"])
set2={11,2,3,4,1,5}
print(set1)
print(set2)
print("set2与set1的差集:",set2 - set1)
print("set2与set1的交集":set2 & set1)
print("set2与set1的并集":set2 | set1)
```

输出结果：

```
{1,2,3,4,5,10,'233'}
{1,2,3,4,5,11}
set2与set1的差集:{11}
set2与set1的交集:{1,2,3,4,5}
set2与set1的并集:{1,2,3,4,5,10,11,'233'}
```

集合是无序的，因此无法用索引定位。使用下面这段代码会报错：

```
set1[0]
```

五、条件判断语句

判断条件并执行相应的代码块。

```
age=input("请输入你的年龄:")
#强制转化为 int 类型:age=int(age)
#eval():转换为最可能的类型
age=eval(age)
if age >=18:
    print("Adult")
```

```
elif age >=13:
    print("Teenager")
else:
    print("Child")
```

输出结果:

请输入你的年龄:25
Adult

六、循环

（1）for 循环：用于遍历序列（如列表或字符串）的每个元素。

格式:

```
for 变量名 in 可迭代对象:
    程序体
```

对于在可迭代对象中的每个变量进行程序体中的操作时，程序体本身可以和变量名无关。循环执行程序体直至遍历了可迭代对象中的每一个变量或元素。

```
for i in range(5):
    print(i)
# 分割线
print("="*50)
for j in set1:
    print(j, end="\t")
# 分割线
print("\n", "="*50)
for z in person:
    print(f"{z}, {person[z]}")
# 分割线
print("="*50)
for_in range(10):
    person['age']=person.get('age',0)+1
print(person)
```

输出结果：

0
1
2
3
4

===

1234523310

===

name,John
gender,male
grade,A

===

{'name': 'John', 'gender': 'male', 'grade': 'A', 'age': 10}

（2）while 循环：当条件为 True 时执行。

格式：

while 条件：
    程序体

如果条件为真（True），则执行程序体，直至条件为假（False、0、空值）。

```
count=0
while count < 5：
    print(count)
    count+=1
```

输出结果：

0
1
2
3
4

一个复杂的应用：

```
count=0
while True:
    if count==2:
        count+=1
#直接进入下一次循环
        continue
elif count==5:
#跳出循环
        break
    else:
#占位的,什么也不做
        pass
    print(count)
    count+=1
```

输出结果:

```
0
1
3
4
```

七、函数

(1) 函数的基本使用。

使用 def 关键字定义函数。格式为"def 函数名称（参数）":

```
def kaichang():
    print("大家好,我是皮皮侠,现在正在为你们讲述 Python 爬虫基础,
希望你们能有所收获!")
    kaichang()
    kaichang()
    kaichang()
```

输出结果:

大家好,我是皮皮侠,现在正在为你们讲述 Python 爬虫基础,希望你们能

有所收获！

大家好，我是皮皮侠，现在正在为你们讲述 Python 爬虫基础，希望你们能有所收获！

大家好，我是皮皮侠，现在正在为你们讲述 Python 爬虫基础，希望你们能有所收获！

函数可以执行功能，也可以返回结果。

```
#函数的参数可以有默认值.对于带有默认值的参数,在调用时如果没有传
入,则以默认值运行函数
#默认参数必须在位置参数后
def plus(num1,num2,num3=10):
    result=num1+num2+num3
    return result
num1=10
num2=20
print(f"{num1}+{num2}+10={plus(num1,num2)}")
print("{}+{}+10={}".format(num1,num2,plus(num1,num2)))
```

输出结果：

```
10+20+10=40
10+20+10=40
```

（2）函数的参数进阶。

Python 中函数共有五种参数：位置参数、默认参数、可变参数、关键字参数和命名关键字参数。

思考题：

一个人赶着鸭子去每个村庄卖，每经过一个村子卖去所赶鸭子的一半又一只。这样他经过了七个村子后还剩两只鸭子，问他出发时共赶多少只鸭子？经过每个村子分别卖出多少只鸭子，剩余多少只鸭子？

```
#参数为村子数,剩下的鸭子数和记录的信息,默认为空.
def duck(CunZiShu,duck_num,process=''):
    #根据剩下的鸭子数目计算刚到这个村时的鸭子数目
    pre=2*(duck_num+1)
    #终止条件
```

```
ifCunZiShu==0:
        process='出发时共赶{}只鸭子.'.format(duck_num)+process
        #打印最后结果
        print(process)
    else:
    #卖出的鸭子数目
        sell=pre — duck_num
#记录信息
        process='\n经过第{}个村庄卖了{}只鸭子,剩余{}只鸭.'.format
(CunZiShu,sell,duck_num)+process
        #递归内容(上一个村子,上一个村子剩下的鸭子,记录的信息)
        return duck(CunZiShu-1,pre,process)
```

duck(7,2)

输出结果:

出发时共赶510只鸭子.

经过第1个村庄卖了256只鸭子,剩余254只鸭子.

经过第2个村庄卖了128只鸭子,剩余126只鸭子.

经过第3个村庄卖了64只鸭子,剩余62只鸭子.

经过第4个村庄卖了32只鸭子,剩余30只鸭子.

经过第5个村庄卖了16只鸭子,剩余14只鸭子.

经过第6个村庄卖了8只鸭子,剩余6只鸭子.

经过第7个村庄卖了4只鸭子,剩余2只鸭子.

大家可以自己思考一下:如何用循环做出这道题?

八、模块

模块是包含所有定义的函数和变量的文件,可以分为Python的内置包和第三方包。

导入模块的方式是:import 包名(as 简称)或者 from 包名 import 方法/模块(as 简称)。

```
#math 是 Python 的内置模块
import math
```

＃开根号
print(math. sqrt(16))

输出结果：

4.0

导入自定义包：

＃A. py 是自己写的 Python 文件
from A import sayhello
sayhello()

输出结果：

hello!

对于第三方包，可以在 cmd 或者 terminal 中使用以下命令进行安装：pip install 包名。例如：pip install pandas。

```
import pandas as pd
dic={
    "name":["Jack","Tom","Amy"],
    "gender":["male","male","female"],
    "age":[18,20,15]}
df=pd. DataFrame(dic)
df
```

输出结果：

	name	gender	age
0	Jack	male	18
1	Tom	male	20
2	Amy	female	15

九、面向对象

面向对象编程（Object Oriented Programming，OOP）是一种编程方法论和设计范式。它把现实世界中的事物以及事物之间的关系映射到程序的设计中，使得代码的组织更为合理，易于理解和扩展。为了更好地理解 OOP，下面使用智能手机作为案例来解释它的三个主要特点：封装、继承和多态。

（1）封装。

定义：封装意味着将数据和操作数据的方法捆绑在一起，形成一个整体。这样，内部实现对外部是隐藏的，只能通过公开的接口进行操作。

类比：想象智能手机的设计。当你使用手机时，你并不需要知道它如何接收信号、如何存储数据，你只需关心如何拨打电话、上网或使用应用。这种隐藏复杂性的方法就像一个黑盒子，你只需要知道外部的操作方法。

```python
# 定义类
class Phone:
    # 类属性
    battery=100
    # 初始化函数，即实例化时默认运行
    def _init_(self, user_name, battery=100, memory=128, ):
        print("正在开始初始化……")
        # 实例数据属性
        self.user_name=user_name
        # 私有属性
        self._memory=memory
        Phone.battery=battery
        print(f"初始化完成！当前这部手机的使用者为{self.user_name},
当前手机电量为{Phone.battery}%")
    def phone_info(self):
        print("="*50)
        print("以下是手机的信息:")
        print(f"手机的使用者是:{self.user_name}")
        print(f"手机的内存为:{self._memory}")
        print(f"手机目前的电量为:{Phone.battery}")
        print("="*50)
    def get_memory(self):
        return self._memory
    def use_phone_hours(self, app, hours):
        Phone.battery -=10*hours
```

```
        battery_info=f"{self.user_name}在使用{app}{hours}小时后,手
机还剩电量{Phone.battery}%"
        print(battery_info)
        return battery_info
    Myphone=Phone("小明")
```

输出结果:

正在开始初始化……

初始化完成!当前这部手机的使用者为小明,当前手机电量为100%

下面开始尝试调用 Myphone 这个实例的方法:

```
#实例属性可以直接通过"实例名.实例属性"访问
print(Myphone.user_name)
#实例方法可以通过"实例名.实例方法"调用
Myphone.use_phone_hours("B站",2)
Myphone.phone_info()
#分割线
print("\n"+"="*20+"我是分割线"+"="*20+"\n")
#实例属性可以直接通过"实例名.实例属性"修改
Myphone.user_name='小红'
print(Myphone.user_name)
#可以看到,类属性是多个实例共用的属性
Myphone.use_phone_hours("小红书",3)
Myphone.phone_info()
#私有属性不可通过实例被查看,被修改
Myphone._memory
```

输出结果:

小明

小明在使用 B 站 2小时后,手机还剩电量 80%

以下是手机的信息:

手机的使用者是:小明

手机的内存为:128

手机目前的电量为:80

==

========================我是分割线========================
小红
小红在使用小红书 3小时后,手机还剩电量 50%

==

以下是手机的信息:
手机的使用者是:小红
手机的内存为:128
手机目前的电量为:50

==

AttributeError   Traceback (most recent call last)
Cell In[84], line 18
    15 Myphone. phone_info()
    17 #私有属性不可通过实例被查看,被修改
———> 18 Myphone._memory

AttributeError: 'Phone' object has no attribute '_memory'

(2) 继承。

定义:子类可以继承父类的属性和方法,并可以添加或重写自己的新特性。

类比:考虑基础型号的手机和它的升级版本。新版本手机不仅拥有基础版本的所有功能,还添加了一些新功能,如更好的摄像头、更大的存储空间等。

```python
#以 Phone 为父类,定义一个 SmartPhone 子类
class SmartPhone(Phone):
    def _init_(self, user_name, memory=128):
        #用 super()方法将子类中的参数传入父类中
        super()._init_(user_name, memory=memory)
        self._brand="Apple"
        self. system="ios"
    def phone_info(self):
```

```
        print("="*50)
        print("以下是手机的信息:")
        print(f"手机的使用者是:{self.user_name}")
        print(f"手机的品牌是:{self._brand}")
        print(f"手机的系统是:{self.system}")
        print(f"手机的内存为:{self.get_memory()}")
        print(f"手机目前的电量为:{Phone.battery}")
        print("="*50)
    def phone_call(self, phone_number):
        print(f"{self.user_name}给{phone_number}拨打了电话")
        Phone.battery-=5
    def change_system(self, system_name):
        origin_system=self.system
        self.system=system_name
        print(f"手机系统已经成功从{origin_system}转到{self.system}!")
MySmartphone=SmartPhone("小刚")
```

输出结果:

正在开始初始化……

初始化完成!当前这部手机的使用者为小刚,当前手机电量为100%

接下来尝试调用 MySmartphone 实例中的方法:

```
#子类继承了父类的所有属性和方法
print(MySmartphone.user_name)
print(MySmartphone.get_memory())
#子类也有自己的新方法
MySmartphone.phone_call("13089863221")
MySmartphone.phone_info()
```

输出结果:

小刚
128
小刚给13089863221拨打了电话

以下是手机的信息：
手机的使用者是：小刚
手机的品牌是：Apple
手机的系统是：iOS
手机的内存为：128
手机目前的电量为：95

（3）多态。

定义：多态可以以统一的方式使用不同的对象，而不关心它们的具体类别。

类比：不同品牌的手机（例如苹果和三星）都有拨打电话的功能。当你拨打电话时，你不需要知道你手中是哪个品牌的手机，你只需要知道它可以拨打电话。

代码：

```
class Phone：
    def call(self)：
        return "Making a call..."
classApplePhone(Phone)：
    def call(self)：
        return "Calling from an Apple phone"
classSamsungPhone(Phone)：
    def call(self)：
        return "Calling from a Samsung phone"
```

十、文件读写

模式	描述
t	文本模式。
x	写模式，新建一个文件，如果该文件已存在则会报错。
b	二进制模式。

模式	描述
+	打开一个文件进行更新（可读可写）。
U	通用换行模式。
r	以只读方式打开文件。文件的指针将会放在文件的开头。这是默认模式。
rb	以二进制格式打开一个文件用于只读。文件指针将会放在文件的开头。这是默认模式。一般用于非文本文件如图片等。
r+	打开一个文件用于读写。文件指针将会放在文件的开头。
rb+	以二进制格式打开一个文件用于读写。文件指针将会放在文件的开头。一般用于非文本文件如图片等。
w	打开一个文件只用于写入。如果该文件已存在则打开文件，并从头开始编辑，即原有内容会被删除。如果该文件不存在，创建新文件。
wb	以二进制格式打开一个文件只用于写入。如果该文件已存在则打开文件，并从头开始编辑，即原有内容会被删除。如果该文件不存在，创建新文件。一般用于非文本文件如图片等。
w+	打开一个文件用于读写。如果该文件已存在则打开文件，并从头开始编辑，即原有内容会被删除。如果该文件不存在，创建新文件。
wb+	以二进制格式打开一个文件用于读写。如果该文件已存在则打开文件，并从头开始编辑，即原有内容会被删除。如果该文件不存在，创建新文件。一般用于非文本文件如图片等。
a	打开一个文件用于追加。如果该文件已存在，文件指针将会放在文件的结尾。也就是说，新的内容将会被写入已有内容之后。如果该文件不存在，创建新文件进行写入。
ab	以二进制格式打开一个文件用于追加。如果该文件已存在，文件指针将会放在文件的结尾。也就是说，新的内容将会被写入已有内容之后。如果该文件不存在，创建新文件进行写入。
a+	打开一个文件用于读写。如果该文件已存在，文件指针将会放在文件的结尾。文件打开时会是追加模式。如果该文件不存在，创建新文件用于读写。

（1）读文件。

读文件可以直接使用 open 方法进行读取 f1＝open("1.txt")，但是这种方法需要最后使用 f1.close()，才能让文件关闭。

使用 with 方法进行文件读取会更加安全。

```
with open('text.txt','r',encoding='utf-8') as file:
    content=file.read()
    print(content)
```

输出结果：

我是第一行
我是第二行
我是第三行

再来看看 readlines 方法读取有什么不同：

```
with open('text.txt','r',encoding='utf-8') as file:
    content=file.readlines()
    print(content)
```

输出结果：

['我是第一行\n','我是第二行\n','我是第三行']

（2）写文件。

```
with open('filename.txt','w',encoding='utf-8') as file:
    file.write('Hello,Python!')
```

十一、异常处理

使用 try 和 except 进行异常处理。

```
for i in range(10):
    result=0
    try:
        result=10 / i
    except Exception as e:
        print(f"出现错误:{e}")
    finally:
        print(i)
        if result:
            print(f"10 / {i}={result}")
        print("="*50)
```

输出结果：

出现错误：division by zero

0

==

1

10 / 1＝10. 0

==

2

10 / 2＝5. 0

==

3

10 / 3＝3. 3333333333333335

==

4

10 / 4＝2. 5

==

5

10 / 5＝2. 0

==

6

10 / 6＝1. 6666666666666667

==

7

10 / 7＝1. 4285714285714286

==

8

10 / 8＝1. 25

==

9

10 / 9＝1. 1111111111111112

==

参考文献

[1] 朱顺泉. Python 数据分析与量化投资［M］. 北京：北京大学出版社，2022.

[2] 蔡立耑. 以 Python 为工具［M］. 北京：电子工业出版社，2017.

[3] 哈斯尔万特. Python 统计分析［M］. 李锐，译. 北京：人民邮电出版社，2018.

[4] 王燕. 时间序列分析：基于 R［M］. 2 版. 北京：中国人民大学出版社，2020.

[5] 吴喜之. 数据科学导论：R 与 Python 实现［M］. 北京：高等教育出版社，2019.

[6] 贾俊平. 统计学：Python 实现［M］. 北京：高等教育出版社，2021.

[7] 王斌会. 计量经济学时间序列模型及 Python 应用［M］. 广州：暨南大学出版社，2021.